SAME
The Same Planet
同一颗星球
PLANET

在山海之间

在星球之上

WRITING A NEW ENVIRONMENTAL ERA
MOVING FORWARD TO NATURE

未来地球

[美]肯·希尔特纳 著
姜智芹 王佳存 译

江苏人民出版社

图书在版编目(CIP)数据

未来地球/(美)肯·希尔特纳著;姜智芹,王佳存译. —南京:江苏人民出版社,2023.8

("同一颗星球"丛书)

ISBN 978 - 7 - 214 - 28124 - 1

Ⅰ. ①未… Ⅱ. ①肯… ②姜… ③王… Ⅲ. ①全球环境—环境保护—普及读物 Ⅳ. ①X21 - 49

中国国家版本图书馆 CIP 数据核字(2023)第 088191 号

书　　名　未来地球
著　　者　[美]肯·希尔特纳
译　　者　姜智芹　王佳存
责任编辑　李　旭
装帧设计　陈威伸
责任监制　王　娟
出版发行　江苏人民出版社
地　　址　南京市湖南路 1 号 A 楼,邮编:210009
照　　排　江苏凤凰制版有限公司
印　　刷　南京新世纪联盟印务有限公司
开　　本　652 毫米×960 毫米　1/16
印　　张　16　插页 4
字　　数　200 千字
版　　次　2023 年 8 月第 1 版
印　　次　2023 年 8 月第 1 次印刷
标准书号　ISBN 978 - 7 - 214 - 28124 - 1
定　　价　68.00 元

Writing a New Environmental Era: Moving Forward to Nature, 1st Edition / by Ken Hiltner / ISBN: 978 - 0367143800

江苏省版权局著作权合同登记号:图字 10 - 2020 - 69 号

总　序

这套书的选题，我已经默默准备很多年了，就连眼下的这篇总序，也是早在六年前就已起草了。

无论从什么角度讲，当代中国遭遇的环境危机，都绝对是最让自己长期忧心的问题，甚至可以说，这种人与自然的尖锐矛盾，由于更涉及长时段的阴影，就比任何单纯人世的腐恶，更让自己愁肠百结、夜不成寐，因为它注定会带来更为深重的，甚至根本无法再挽回的影响。换句话说，如果政治哲学所能关心的，还只是在一代人中间的公平问题，那么生态哲学所要关切的，则属于更加长远的代际公平问题。从这个角度看，如果偏是在我们这一代手中，只因为日益膨胀的消费物欲，就把原应递相授受、永续共享的家园，糟蹋成了永远无法修复的、连物种也已大都灭绝的环境，那么，我们还有何脸面去见列祖列宗？我们又让子孙后代去哪里安身？

正因为这样，早在尚且不管不顾的20世纪末，我就大声疾呼这方面的"观念转变"了："……作为一个鲜明而典型的案例，剥夺了起码生趣的大气污染，挥之不去地刺痛着我们：其实现代性的种种负面效应，并不是离我们还远，而是构成了身边的基本事实——不管我们是否承认，它都早已被大多数国民所体认，被陡然上升的死亡率所证实。准此，它就不可能再被轻轻放过，而必须被投以全力的警觉，就像当年全力捍卫‘改革’时一样。”[1]

的确，面对这铺天盖地的有毒雾霾，乃至危如累卵的整个生态，作为长期惯于书斋生活的学者，除了去束手或搓手之外，要是觉得还能做点什么的话，也无非是去推动新一轮的阅读，以增强全体国民，首先是知识群体的环境意识，唤醒他们对于自身行为的责任伦理，激活他们对于文明规则的从头反思。无论如何，正是中外心智的下述反差，增强了这种阅读的紧迫性：几乎全世界的环境主义者，都属于人文类型的学者，而唯独中国本身的环保专家，却基本都属于科学主义者。正由于这样，这些人总是误以为，只要能用上更先进的科技手段，就准能改变当前的被动局面，殊不知这种局面本身就是由科技“进步”造成的。而问题的真正解决，却要从生活方式的改变入手，可那方面又谈不上什么“进步”，只有思想观念的幡然改变。

幸而，在熙熙攘攘、利来利往的红尘中，还总有几位谈得来的出版家，能跟自己结成良好的工作关系，而且我们借助于这样的合作，也已经打造过不少的丛书品牌，包括那套同样由江苏人民出版社出版的、卷帙浩繁的“海外中国研究丛书”；事实上，也正是在那套丛书中，我们已经推出了聚焦中国环境的子系列，包括那本触目惊心的《一江黑水》，也包括那本广受好评的《大象的退却》……不过，我和出版社的同事都觉得，光是这样还远远不够，必须另做一套更加专门的丛书，来译介国际上研究环境历史与生态危机的主流著作。也就是说，正是迫在眉睫的环境与生态问题，促使我们更要去超越民族国家的疆域，以便从“全球史”的宏大视野，来看待当代中国由发展所带来的问题。

这种高瞻远瞩的“全球史”立场，足以提升我们自己的眼光，去把地表上的每个典型的环境案例都看成整个地球家园的有机脉

---

① 刘东：《别以为那离我们还远》，载《理论与心智》，杭州：浙江大学出版社，2015年，第89页。

动。那不单意味着，我们可以从其他国家的环境案例中找到一些珍贵的教训与手段，更意味着，我们与生活在那些国家的人们，根本就是在共享着“同一个”家园，从而也就必须共担起沉重的责任。从这个角度讲，当代中国的尖锐环境危机，就远不止是严重的中国问题，还属于更加深远的世界性难题。一方面，正如我曾经指出过的：“那些非西方社会其实只是在受到西方冲击并且纷纷效法西方以后，其生存环境才变得如此恶劣。因此，在迄今为止的文明进程中，最不公正的历史事实之一是，原本产自某一文明内部的恶果，竟要由所有其他文明来痛苦地承受……”[①]而另一方面，也同样无可讳言的是，当代中国所造成的严重生态失衡，转而又加剧了世界性的环境危机。甚至，从任何有限国度来认定的高速发展，只要再换从全球史的视野来观察，就有可能意味着整个世界的生态灾难。

正因为这样，只去强调“全球意识”都还嫌不够，因为那样的地球表象跟我们太过贴近，使人们往往会鼠目寸光地看到，那个球体不过就是更加新颖的商机，或者更加开阔的商战市场。所以，必须更上一层地去提倡“星球意识”，让全人类都能从更高的视点上看到，我们都是居住在“同一颗星球”上的。由此一来，我们就热切地期盼着，被选择到这套译丛里的著作，不光能增进有关自然史的丰富知识，更能唤起对于大自然的责任感，以及拯救这个唯一家园的危机感。的确，思想意识的改变是再重要不过了，否则即使耳边充满了危急的报道，人们也仍然有可能对之充耳不闻。甚至，还有人专门喜欢到电影院里，去欣赏刻意编造这些祸殃的灾难片，而且其中的毁灭场面越是惨不忍睹，他们就越是愿意乐呵呵地为之掏钱。这到底是麻木还是疯狂呢？抑或是两者兼而有之？

不管怎么说，从更加开阔的“星球意识”出发，我们还是要借这套书去尖锐地提醒，整个人类正搭乘着这颗星球，或曰正驾驶着这

---

① 刘东：《别以为那离我们还远》，载《理论与心智》，第85页。

颗星球,来到了那个至关重要的,或已是最后的"十字路口"! 我们当然也有可能由于心念一转而做出生活方式的转变,那或许就将是最后的转机与生机了。不过,我们同样也有可能——依我看恐怕是更有可能——不管不顾地懵懵懂懂下去,沿着心理的惯性而"一条道走到黑",一直走到人类自身的万劫不复。而无论选择了什么,我们都必须在事先就意识到,在我们将要做出的历史性选择中,总是凝聚着对于后世的重大责任,也就是说,只要我们继续像"击鼓传花"一般地,把手中的危机像烫手山芋一样传递下去,那么,我们的子孙后代就有可能再无容身之地了。而在这样的意义上,在我们将要做出的历史性选择中,也同样凝聚着对于整个人类的重大责任,也就是说,只要我们继续执迷与沉湎其中,现代智人(homo sapiens)这个曾因智能而骄傲的物种,到了归零之后的、重新开始的地质年代中,就完全有可能因为自身的缺乏远见,而沦为一种遥远和虚缈的传说,就像如今流传的恐龙灭绝的故事一样……

2004 年,正是怀着这种挥之不去的忧患,我在受命为《世界文化报告》之"中国部分"所写的提纲中,强烈发出了"重估发展蓝图"的呼吁——"现在,面对由于短视的和缺乏社会蓝图的发展所带来的、同样是积重难返的问题,中国肯定已经走到了这样一个关口:必须以当年讨论'真理标准'的热情和规模,在全体公民中间展开一场有关'发展模式'的民主讨论。这场讨论理应关照到存在于人口与资源、眼前与未来、保护与发展等一系列尖锐矛盾。从而,这场讨论也理应为今后的国策制订和资源配置,提供更多的合理性与合法性支持"[①]。2014 年,还是沿着这样的问题意识,我又在清华园里特别开设的课堂上,继续提出了"寻找发展模式"的呼吁:"如果我们不能寻找到适合自己独特国情的'发展模式',而只是在

① 刘东:《中国文化与全球化》,载《中国学术》,第 19—20 期合辑。

盲目追随当今这种传自西方的、对于大自然的掠夺式开发,那么,人们也许会在很近的将来就发现,这种有史以来最大规模的超高速发展,终将演变成一次波及全世界的灾难性盲动。”①

所以我们无论如何,都要在对于这颗“星球”的自觉意识中,首先把胸次和襟抱高高地提升起来。正像面对一幅需要凝神观赏的画作那样,我们在当下这个很可能会迷失的瞬间,也必须从忙忙碌碌、浑浑噩噩的日常营生中,大大地后退一步,并默默地驻足一刻,以便用更富距离感和更加陌生化的眼光来重新回顾人类与自然的共生历史,也从头来检讨已把我们带到了“此时此地”的文明规则。而这样的一种眼光,也就迥然不同于以往匍匐于地面的观看,它很有可能会把我们的眼界带往太空,像那些有幸腾空而起的宇航员一样,惊喜地回望这颗被蔚蓝大海所覆盖的美丽星球,从而对我们的家园产生新颖的宇宙意识,并且从这种宽阔的宇宙意识中,油然地升腾起对于环境的珍惜与挚爱。是啊,正因为这种由后退一步所看到的壮阔景观,对于全体人类来说,甚至对于世上的所有物种来说,都必须更加学会分享与共享、珍惜与挚爱、高远与开阔,而且,不管未来文明的规则将是怎样的,它都首先必须是这样的。

我们就只有这样一个家园,让我们救救这颗“唯一的星球”吧!

刘东

2018 年 3 月 15 日改定

① 刘东:《再造传统:带着警觉加入全球》,上海:上海人民出版社,2014 年,第 237 页。

译　序

从无名小镇的木匠到知名大学的教授，本书作者肯·希尔特纳有着传奇般的人生经历。希尔特纳1959年出生于美国新泽西州的一个小镇，40岁之前，他是子承父业的木匠，在自家的木工作坊里过着按部就班的生活。本以为他的一生就这样日复一日地消磨在家具制造中了，没想到临近不惑之年的时候，他的命运发生了逆转。20世纪下半叶，随着美国工业的狂飙突进和城市的迅猛扩张，像希尔特纳家族那样规模的小农场越来越难以生存下去。最终他家的土地不得不卖给房地产开发商，夷为平地后建成了老年公寓。

失去了家园，赖以谋生的木工手艺也没了用武之地，希尔特纳遭遇了人生最大的困境。但是，虽然上帝给他关上了木匠这扇门，他却通过坚韧不拔的努力为自己打开了成为大学教授这扇窗。在40岁的时候，他克服年龄大、学历低特别是自身患有严重的读书困难症等种种劣势，成功考取哈佛大学攻读博士，获得博士学位后受聘于加州大学圣塔芭芭拉分校，并很快晋升为教授。由于家族农场的丧失一直萦绕在希尔特纳的心头，他在教学和科研中将这份浓浓的乡愁融入其中。虽然学的是文学专业，主要在英语系任教，但他对环境保护、气候变化情有独钟，设开了“文学与环境导论”“弥尔顿与生态”“文学与环境理论”“文艺复兴时期的文学与环境”等课程，出版了《生态批评读本》(*Ecocriticism: The Essential*

Reader, 2014)、《真正的牧歌田园是什么:文艺复兴时期的文学和环境》(*What Else is Pastoral? Renaissance Literature and the Environment*, 2011)、《21世纪的环境批评》(*Environmental Criticism for the 21st Century*, 2011)、《文艺复兴时期的生态:想象英国弥尔顿时期的伊甸园》(*Renaissance Ecology: Imagining Eden in Milton's England*, 2008)、《弥尔顿和生态》(*Milton and Ecology*, 2003)等著作。

读者诸君正在阅读的这本译著,原书名是 *Writing a New Environmental Era: Moving Forward to Nature*,初稿译为《谱写环境新时代:迈步走向自然》。出版社在定稿时改为《未来地球》。这本书体现出作者希尔特纳逆向的思维和推理方式。在译者看来,这种思维和推理方式最显著地体现在两个方面。一是对回归自然(back to nature)的理解和看法。回归自然的思想在西方世界有着悠久的历史渊源,甚至可以追溯到关于伊甸园的神话传说,它认为人类和大自然曾经有过一个和谐相处的美好时期,就像伊甸园里的亚当、夏娃与自然融为一体一样。后来工业文明的兴起给自然界带来的破坏令一些西方文化人比如18世纪的卢梭、20世纪的梭罗等,提出返回自然的主张,希望人类再回到那种与大自然和谐共处的美好状态。希尔特纳首先对这一思想提出了质疑,认为人类从来没有和大自然友好共处过,因为历史记录中根本找不到这样的记载,所谓人与自然和谐相处只不过是文学作品中的梦想、希冀和杜撰,事实上并没有这样一种人类与自然曾经和谐相处而后来失去的关系。有鉴于此,希尔特纳提出,我们不能继续再想着回到以前从来不曾存在过的地方,而是应该努力前行,在未来与自然形成一种更加和谐的关系。与前人提出并且我们一度深信不疑的 back to nature(回归自然)相反,他认为我们应该 forward to nature(走向自然),这种走向自然不是让大家去到郊区居住、休闲,而是让城市自然化,建立诸如纽约的"高线公园"、巴黎的"绿荫步道"那样的市内公园,让人们远离荒野,走向城市,到市中心休闲娱乐,而不是趋之若鹜地涌向郊区。这是希尔特纳建设"绿色都市"的构想和思想,与传统的返回自然有着截然不同的思考方向和行动路径,也更加符合当今的环保理念。

希尔特纳逆向思维和推理的第二个重要表现是提出让人文科学在建构未来人与自然的和谐关系中发挥不可忽视的作用。当今世界,人与自然关系失衡最突出的一个表现是气候变化导致的严峻环境问题。当气候变化和环境问题凸显出来的时候,人们首先想到的是科学家和科学技术的作用。希尔特纳并不否认他们/它们所起到的巨大作用,相反,还对他们/它们的贡献大加赞赏,但认为仅靠科学家和科学技术是难以完成构建美好环境未来这个时代重任的,因为气候变化和环境问题是一个由人类的行为引发的全球性问题,因此需要自然科学与人文领域的专家学者协同努力。希尔特纳认为,人文科学在创建更加美好的环境未来方面一样能够有所作为,其作用甚至不亚于自然科学。

希尔特纳不仅提出人文领域的学者能够帮助解决气候变化和环境问题这一大胆的想法,还身体力行地去做,这就是他倡议一种"近乎碳中和"(nearly carbon-neutral,缩写为 NCN)的会议模式。这种会议模式是从环境人文的角度提出来的,和目前因新冠肺炎全球流行而采取的基于网络的线上会议有相似之处,但涵盖的内容更多更广,流程更复杂更规范,当然也更多地考虑了环保问题。希尔特纳从 2016 年开始在加州大学圣塔芭芭拉分校进行了多次 NCN 会议实践,并不断地加以改进。本书的第七章和附录部分对此进行了十分详细的探讨、记录和反思,而突如其来、肆虐全球的新冠肺炎令这种会议模式备受关注,当然也经历了进一步的检验,为将来在保证良好会议交流效果的前提下,采取更节能、更环保的形式举办这样的会议提供了极好的借鉴。

在翻译过程中,就某些词句的理解与希尔特纳教授进行了沟通,他非常及时地、充满热忱地给予了回答和解释,在此谨表谢忱。诚挚感谢江苏人民出版社的李旭编辑,他热情谦逊,认真负责,办事高效,其出众的编辑令本书增色。

希尔特纳是一个创造奇迹的人。他在这本《未来地球》中结合自身的经历说道:“不管你从何处开始,几乎都能走到你一生中要去的地方,这也许比你想象的可能性更大。有时,你真的能从这儿抵达那儿。”并且在本书开头引用丁尼生的诗句:“来吧,朋友们,去发现新世界为时不晚。”让我们像希尔特纳一样,做一个创造奇迹的人,不管人生从何处开始,去发现新的世界,抵达自己的理想之地。

姜智芹

2021 年夏于泉城济南

献给乔丹

希望本书能以微薄之力为你谱写更美好的未来

目　录

导　论

来吧，朋友们，去发现新世界为时不晚。

——丁尼生：《尤利西斯》

我从没想到能写这本书。从20岁到40岁，我一直都是个做家具的木匠，并以此谋生。这个营生是我从父亲那里学来的，我的人生之路似乎就这样定了。如果你说我40岁以后会去哈佛大学读博士，而且读博士的目标是重新评估人类和我们所居住的星球之间的关系，我一定怀疑你的神志是否正常。

我的木工小作坊位于一个破败的家族农场上，那片土地是我母亲娘家的，曾养活了三代人。农场一度养鸡产蛋，生产奶制品等数十种不同的农产品。尽管我们的农场很早就采用了机械播种机等技术，但依然锲而不舍地坚守着农耕传统，我都6岁了，农场才让最后的两匹驮马退役。从童年到少年，我一直在农场干活，所以切身体验到农场生活一点都不浪漫，是很繁重的体力劳动。尽管如此，我还是忍不住时而回忆农场的生活，追寻逝去的乡愁，即便（我们下面要谈到）乡愁可能是一种给人带来焦虑的冲动。

最终，像当时的几十家农场一样，我家也不得不接受一个残酷的现实：在农业工业化日益成为主流的时代，像我们这样规模的小农场再也生存不下去了。除了我家房子和作坊所在的那一小块地方，其他土地都在20世纪80年代卖给了一家房地产开发商，被推平后建了一个老年人社区。

几十年来,家族农场的丧失一直萦绕在我的心头,挥之不去,所以我从很多方面努力去理解到底发生了什么以及为什么会发生这样的变化,你正在读的这本书就是我努力思考的结果。在导论中,我会解释这种对家族农场的魂牵梦绕如何改变了我的生活,如何让我从一个木匠变成研究环境人文的教授,这是一条不同寻常的道路。但是,还是让我先来解释一下这个读起来有点玄奥的书名以及书中所论述的内容。

本书分两部分。第一部分介绍了这样一种理念:为了我们的地球以及生活在地球上包括人类在内的所有生命,我们需要行动起来,迈步走向自然,而不是期待退回自然。这种理念乍听起来可能有点怪异,但是我们下面将会看到,人类在过去与自然和谐相处的说法,只不过是一个神话,是一个经常被反复述说的故事,以致我们都信以为真了。但是,那不是真的。本书第一章将分析这一神话以及它给现代社会带来的威胁。

我们不能继续再想着回到以前从来不曾存在过的地方,而是应该努力前行,在未来与地球形成一种更加和谐的关系。要做到这一点并不容易,因为这可能是整个人类截至目前所遭遇的最大挑战。当下,我们面临着一系列紧迫的问题,包括快速变化的气候,但是我们现在需要做的是勇于迎接挑战,积极地迈步走向自然。

在讨论如何迈步走向自然这个问题之前,本书第二章分析梳理了回归自然的思想及其问题和倡导者,比如早期的环境保护主义者亨利·戴维·梭罗(Henry David Thoreau)。那么,梭罗的问题是什么呢?为了回归自然,他曾到瓦尔登湖(Walden Pond)生活两年,暴得大名。瓦尔登湖以北15英里[①](走路仅需一天的时间),

① 1英里约合1.6千米。——编者注

是马萨诸塞州的洛厄尔(Lowell)。《瓦尔登湖》(*Walden*)1854年出版的时候,洛厄尔已经成为美国最大的工业中心,拥有蓬勃发展的纺织厂,堪与英国的大工业城市曼彻斯特(Manchester)比肩。查尔斯·狄更斯(Charles Dickens)曾在其小说《艰难时世》(*Hard Times*)中对曼彻斯特进行了尖锐的批判,那部小说也是在1854年出版的。

梭罗的问题是,《瓦尔登湖》没有提及洛厄尔,一次都没有提及。当然,书中有几个地方谈及工厂生活,但是很明显,梭罗没有像狄更斯和其他作家那样,对工业化和不断兴起的现代化表达自己的忧虑。这不是说梭罗对洛厄尔所发生的事情一无所知,或者没有受到任何影响。恰恰相反,《瓦尔登湖》这部著作的面世要归功于这个到处都是工厂的城市,因为梭罗对这座城市(以及他那个时代所勃兴的工业巨轮)的反应,是远离工业化而去,逃到静谧的瓦尔登湖畔,过一种从前的、想象中的简朴生活。[①]

尽管我非常尊重梭罗,但我认为他的行为是一种逃避。恰当的做法应该是走向技术、走向城市化、走向未来,而不是远离它们。这并不是说,我们不经思考就一股脑儿地把这一切都简单地接受下来,当然不能,绝对不能完全接受,但是我们需要直面它们,而不是像梭罗那样逃避它们。我们会看到,伴随影响深远的文化变革(也只有在伴随文化变革的时候),技术和城市化是非常需要的,它们可以推动我们迈步走向地球最为绿色的未来。与之相反的是,梭罗的道路根本不能将我们领向自然,而是会对环境造成破坏。

如果大量的人口跟着梭罗的步伐,搬离城市,移居乡村,毫无疑问,会形成前所未有的环境灾难。为什么我会如此确定?因为,

---

① 在我出版的上一部著作里,我把这种行为称为以华兹华斯等浪漫主义诗人为代表的"浪漫派的标志性转向"。这个180度的转向是华兹华斯、梭罗及其他人思想的鲜明特色,但从更普遍的意义上看,也是一种退回自然的思想。见 *What Else Is Pastoral? Renaissance Literature and the Environment*(《真正的牧歌田园是什么:文艺复兴文学和环境》), Ithaca, NY: Cornell University Press, 2011, p. 11。

我们在第三章就会看到,环境灾难的确发生了,这是真实的存在。它肇始于梭罗时代的美国,在同样秉承退回自然理念的同道之人的推动下愈演愈烈,从而催生了梭罗的瓦尔登湖试验。从某种程度上来说,它成为20世纪最大的(在我看来是最让人遗憾的)文化运动。全球上亿的人口逃离城市,追寻他们梦中更简朴的乡村生活,只是最后虽然身在郊野,但远没有实现自己的目标。最初,在梭罗的时代,他们是乘火车离开城市的。一个世纪以后,逃离城市、涌向郊区的进程空前加快,因为汽车成了最主要的交通工具。这一运动很快在全球范围内酿成了一场环境灾难。

与此相对照,今天数十亿的人口正在搬回城市居住。到2050年,地球上每4个人中就会有3个人生活在城市,这可能会是21世纪最大的文化运动。这一运动尽管不是没有问题,但总体而言是件好事,这一点我们将在第四章中看到。

本书还认为,为了构建更加绿色的未来,我们需要利用技术。不过,尽管我对科学怀有很大敬意(我这本书的上半部会解释),但是基于科学的解决方案,仅靠其本身是鲜能自足的,因为那些解决方案常常不能触及问题的根源。

从某种意义上来说,气候变化是大气中二氧化碳和其他所谓的温室气体增加导致的。科学能够解决这个问题。然而,如果从另一种意义上来理解,气候变化是由大量的人类活动导致的,因为人类的活动(比如我们出则开车、住则豪宅、行则飞机以及喜欢无休止地买买买),给气候造成了麻烦,产生了那些温室气体。自然科学可能会告诉我们这些人类活动是如何改变地球气候的,但无法告诉我们为什么人类会进行这些活动。这一问题要靠人文科学和社会科学来解决。我们需要考察人类导致的气候变化到底有哪些,并把它当作人类活动所引发的人类问题来解决。尽管这样做可能是一个艰难的过程,但是能够带来成效。如果我们认真研究我们那样做的原因,愿意根据我们所学到的教训采取行动,那么我们齐心协力(在应用技术的帮助但不是引领下),就能够创造一个未来,使我们更加切近自然。

本书的下半部分探讨人文科学将如何提供帮助,介绍了另一个看起来不合情理的思想,那就是我们可以谱写我们的未来,使之成为现实。这听起来可能像在写小说,小说中的某个人物在其日记中写下的东西,第二天一早醒来发现竟然都成了现实。(2012 年上映的电影《恋恋书中人》,其情节就是基于这个思想。)尽管听起来有点荒诞不经,但是类似的事情可能会发生,事实上也非常需要它发生。人类的很多信仰和实践,包括那些影响地球及其气候、影响所有形式的生命的信仰和实践,都是最近几百年谱写出来的。考虑到这些信仰和实践中有相当一部分对环境和其他方面直接产生了破坏作用,我们现在就需要迎接严峻的挑战,那就是谱写新的、更多环境友好和社会公正的信仰。说得严肃点,我们所有人现在就需要开始谱写。如果我们成功了,我们的子孙后代有朝一日醒来会发现,他们正生活在我们为他们谱写的一个更美好的世界里。

那么,我们要怎样才能谱写一个环境新时代呢?2012 年,我在很多大学的演讲中开始提出迈步走向未来的理念。[①] 从那以后,人们不断咨询我这个问题。我们首先要做的,是探讨我们所处的时代是如何产生的,本书第五章对这一问题进行了论述。

想一想,起步很晚的汽车是如何在我们的谱写下由丑小鸭变成白天鹅的,尽管汽车有很多不尽如人意的地方。以美国而言,如

---

① 2012 年末和 2013 年的春天,我在一些大学向公众介绍迈步"走向自然"的理念,比如 2012 年 12 月在罗格斯大学做了题为"Abandoning the Past, Toward a New Environmental Ethic"(《告别过去,走向新的环境伦理》)的学术报告,2013 年在俄勒冈大学做了题为"Forward to Nature"(《走向自然》)的学术报告,2013 年 4 月在普林斯顿大学做了题为"The Role of the Environmental Humanities in Our Future"(《环境人文在我们未来中的作用》)的学术报告,2013 年 4 月在宾夕法尼亚大学做了题为"Environmental Criticism: What Is at Stake"(《环境批评:是什么处于危急之中》)的学术报告,2013 年 5 月在路德维希-马克西米利安-慕尼黑大学做了题为"Reconsidering Milton, Ecology and Place"(《对弥尔顿、生态和地方的再思考》)的学术报告。在其他地方也做了相关的报告。

果你拥有一辆汽车,那么它的尾气排放量会占到你个人温室气体排放的四分之一甚至更多。消费那么多的化石燃料一点都不便宜,美国人均收入的四分之一被用于买车、加油和保养。还有,汽车是绝对的死亡陷阱,每年全世界因车祸而死亡和受伤的人数高达 5000 万。

我们为什么会做这种各方都受损的事情?近一百年来,汽车工业在世界经济中发挥着关键作用。截至 1960 年,汽车不仅是美国最大的工业门类,也是世界上最大的工业门类,长期占据工业榜首的位置,使得其他任何比它发展还要早的产业都相形见绌。美国每 6 个人中就有 1 人直接或间接地受雇于汽车工业。相应地,由于汽车工业的财富对整个国家来说具有极其重要的作用,为了说服民众掏钱支持这一产业的发展,当时的社会采取了一种极高明的做法,那就是将人们的身份认同与汽车联结在一起。如此一来,传达的信息再简单不过了:你开什么样的车,显示出你有什么样的社会地位。这种奇妙的情形是大量文本书写出来的,这些文本有的非常直接,比如汽车广告;有的则比较委婉,比如怂恿我们到郊区居住,如此一来,就需要汽车了。

对于汽车的热爱只不过是我们所书写的环境破坏型行为中的一个例子。如果你动脑想一想,我敢肯定你能想出几十种这样的行为。真正的挑战是想象出能替代它们的、新的、更好的行为,并将其谱写到我们的现实中。如果我们每个人都不遗余力地这样做,那么就能把世界重新塑造成一个更好的地方。

在应对谱写环境新时代这一严峻挑战之前,我们需要直面这样一个事实:很多很多的美国人要么不确定谱写环境新时代是必要的,要么直接否认其必要性。本书第六章论述了否认气候变化问题及这一问题横亘在我们和未来之间的原因,此外,还论述了如何将其从我们前进的道路上清除掉。也许让人惊讶的是,这个问题的解决方案再一次涉及人文。为了谱写一个新世纪,我们首先需要提升阅读技巧，需要从化石燃料利益集团处心积虑散布的混淆视听的不实信息中，成功地读出真实内容。只不过，在虚假信息充斥社会的时代，这件事说起来容易，做起来难。令人悲哀的是，正如民意调查所揭示的，很多美国人缺乏通过阅读来了解我们的气候不断变化这一真相的必要技巧。

一旦从认识上承认气候变化带来的影响，我们就要采取行动，那么怎样做才能有助于谱写环境新时代并走向自然呢？几年来（实际上是数十年来），我一直苦苦思考这个问题。本书最后一章提供了一个答案，详细介绍了我个人在解决这个问题上所付出的努力以及采取的实际行动。我的想法是，解决这一问题不是借助于自然科学的知识，而是再一次采用人文科学的措施。

科学家可以利用他们所掌握的知识来解决现实世界中的问题。通常来说，我们把这种应用科学知识称之为“技术”。换个思路，如果我们采用人文科学的方法来解决问题，那会是什么方法呢？如果我们在研究一个有问题的文化实践后，试图直接通过谱写新的文化实践（或至少是对旧文化实践的创新）来进行干预，那会是什么样的新实践呢？对一个现存的实践进行文化分析，有助于解释它为什么会产生以及能满足什么样的社会需求。了解到这一点，我们就会利用这一知识来提出一些满足上述社会需求的新建议，虽然满足的是同样的社会需求，但是新建议的效果更好，对环境更友好，对社会更负责任。

一旦将注意力转向这一想法，我就开始琢磨，为什么人文学者不更多地这样去做，哪怕是循规蹈矩地去做也好啊，或者至少去尝试一下。人们常说，人文科学没有什么可以贡献给这个世界的，特别是与 STEM（科学、技术、工程和数学）领域比起来，尤其如此。与此相反，我认为人文科学大有作为，在很多情况下，它贡献给这个世界的与自然科学一样多，甚至比自然科学还要多。

我把应用人文科学作为一种技术形式。[①] 谈到技术,我们一般指的是知识的应用(也就是说,应用知识),这种应用可以给世界带来某种变革。通常来说,这种知识是科学知识。但是,一定是这样吗? 所谓知识的应用也就是技术,人文科学也一样可以轻松地做到。

我们再以汽车为例吧。如果采取应用自然科学的方法,我们可以依赖技术让汽车变得更节能,排放的温室气体更少。换一种思路,如果采取应用人文科学的方法,我们可以研究诸如公交通勤问题,从而弄明白这种交通措施为什么不受欢迎。我们得直面这种情况:几乎每一个人都讨厌公交通勤。如果我们能破解这一难题(探讨公共交通为什么在很大程度上被排斥出美国文化,而小汽车出行却被吸纳进美国文化,世界上任何其他国家都没有发展到如此程度),然后应用我们所掌握的知识,让公交汽车变得更有吸引力,那么,我们就能促进推广一种交通模式,这种模式的能效大大高于一人一辆小汽车的能效,达到令人惊讶的 14 倍。

从应用自然科学的角度看,汽车能效提高 14 倍是完全不可想象的(即便提高 14% 都是很大的成就)。但是,从应用人文科学的角度看,我们可以把它看作人类行为所造成的人类问题,解决这一问题是可以通过重新谱写人类行为来实现的。这就是我为什么认为应用人文科学所取得的效果和应用自然科学一样好,甚至是更好。当然,这并不是说,重新谱写交通实践的篇章将会很容易。事实上,改进汽车(比如推广利用电动汽车)比改变人们的行为从常理上看更加容易。尽管如此,现在需要人类文化方面的专家(像我这样的)竭尽全力开发基于人文科学的技术,从而帮助解决现实世界中的问题。

---

① 几十年来,人文学者一直认为,技术是社会实践中涌现出来的。持这种观点最负盛名的学者是米歇尔·福柯(Michel Foucault),1982 年他在佛蒙特大学做了题为“Technologies of Self”(《自我技术》)的演讲,非常完整地提出了这一理论。我对技术的看法延续了这一认知传统。

受以上想法的激发，我下定决心在这场文化运动中奉献自己的绵薄之力，看看是否可以在某些小的方面，利用我研究文化实践所获得的知识，积极为我们更好的未来重新谱写既有的文化实践。尽管我一开始想着解决我们对汽车难以割舍的问题，提出使用其他交通工具的建议，从而替代给环境带来破坏的交通方式，但是我很快就认识到，这项工程太浩大了。所以，我开始研究空中交通问题，特别是像我这样的科研人员的所有乘机问题，飞来飞去已经成为我们这样的人工作的一部分。令人惊讶的是，这样的空中出行占据了我所就职大学碳足迹的三分之一（每年 5500 万磅[①]二氧化碳或等量的温室气体排放）。我的想法很简单：对传统的学术会议形式及其发挥的文化作用进行研究，然后设想出一个新版本的学术会议模式。这种新的学术会议模式不仅对环境友好，而且更容易实行，更加平等。撰写此书的时候，我们已经举办了 5 次这样的会议，每次会议的碳足迹都不到传统会议的百分之一。第七章和附录详细探讨了这种“近乎碳中和”（nearly carbon-neutral，缩写为 NCN）的会议模式。

我个人的努力微不足道，能带来很大改观吗？老实说，我不知道。但是，我知道的是，我们每个人都需要至少尝试参与遏制气候变化。不管是大的参与还是小的参与，都很重要，即便失败了，也很重要（比如有些努力虽然没有成功解决问题，但是引起了人们的注意）。

几年前，我在纽约大学石溪分校做了题为《环境人文为什么重要》的学术报告，那个报告便成为本书的主题。正如你所了解并笃信的，我坚定认为，人文科学能够以立即见效的、实用的方式帮助

① 1 磅约合 0.4536 千克。——编者注

建立一个新世界。就日益兴起的气候人文来说，[①]情况尤其如此。我研究的专业领域是环境人文，我最殷切的希望是，当你读完这本书的时候，你能同意我的观点。

本书的最后是一篇简短的后记。后记中解释了我为什么不走寻常路地把这本书写成大众读物，而不是众望所归地写成学术著作。

那么，到底是什么激发我写这本书呢？如上所述，本书源于几十年前我家农场的丧失。仅在我自己一生的时间跨度内，新泽西南部地区（新泽西州最初被称为“花园之州”，因为其南部地区有着非常有名的花卉和农作物市场）大部分从农场变成了郊区。尤其让我耿耿于怀的是，除了那些失去农场家园的家庭，好像没有一个人真的对此感到多么悲伤。我不能理解的是，为什么那么多的人，特别是那些环境保护主义者，对于这样大规模的农田消失表现得那么冷漠。

公允地说，当时的环保主义者和生态主义者对任何一个有人居住的地方，比如农场、城市、郊区等，似乎都不是太关心。在那个时代的环境保护主义者看来，最重要的是保护那些（看起来）没有被人类接触过的荒野地区。我小时候的情况就是那样，现在几乎还是那样。

为了确定“生态学家有多少成果研究原生荒野地区、有多少成果研究人类居住区域”，康奈尔大学的研究人员在 2010 年梳理分析了此前 5 年发表的 8000 多篇学术论文。研究结果发现，“63% 到 83% 的论文研究的是无人居住区，即便这些地区只占地球陆地面积的四分之一”。有一位研究人员愤怒地指出：“郊区、乡村以及

---

① “气候人文学者”这个术语只是最近才开始使用的。美国现代语言学会的会刊 *PMLA*，在 2018 年 1 月出版的那一期中，本刊的编辑、来自耶鲁大学的宋惠慈（Wai Chee Dimock）发表了题为“Climate Humanist”（《气候人文学者》）的论文，介绍了 3 位学者，分别是我、哈佛大学的彼得·萨克斯（Peter Sachs）和宾夕法尼亚大学的贝萨尼·威金（Bethany Wiggin）。那是气候人文学者这个术语最早的公开使用之一（也许没有之一，是最早的公开使用）。

农业地区……（几乎）完全被学术界抛弃了。”[1]《自然》（*Nature*）是被科技界广泛认可的高水平学术刊物，其刊发的一篇文章根据这些发现指出：“世界的顶级生态学家没有研究那些最需要研究的地形地貌，他们甘愿冒着延迟保护措施出台、让他们的研究成果南辕北辙的风险。”[2]

“甘愿冒着延迟保护措施出台的风险”？2010年以前，我家农场所在的美国东北走廊已经被开发成一个看起来连在一起的蔓延杂乱的郊区，从波士顿一直延伸到首都华盛顿，中间坐落着几座大城市，城市之间还残存着一点儿曾经繁荣富饶的农田。从环境保护的角度看，立足本地自产自销农产品的小型家庭农场，和同一地区到处兴建的大量设计风格类似的单元住房（其中很多是那种铺张浪费、破坏环境的伪豪宅），在很多方面给人的印象，都是完全不同的。尽管这一地区的农田保护措施现在已经实施，但是太少了，也太晚了。如果现在还有人称新泽西为“花园之州”，多半情况下是在开玩笑。

那么，为什么没有更多的环境保护主义者将他们的注意力聚焦在农场、郊区和城市上呢？当然，这不是说某个地方因为没有人的侵扰就可以对其宠爱有加，也不是说某个地方因为有人的侵扰就可以对其不屑一顾。但是，难道不是这样吗？相比人类居住的地区，荒野得到了更多的、极其不成比例的关注（在很多方面，现在依然如此）。在我看来，很明显的一点是，我们居住的地方以及我们居住的方式，应该与我们选择保持其原始状态和荒野状态的地方，具有同样的重要性。

有很多年，在我的双手忙于干木工活的时候，我脑子里不停思考这个问题。坦白地讲，它已经成为我魂牵梦绕的执念。每到夜

---

① Zoë Corbyn, “Ecologists Shun the Urban Jungle”（《生态学家回避城市丛林》）, *Nature*（《自然》）, July 16, 2010. 这句话是康奈尔大学研究生态学的研究生劳拉·马丁（Laura Martin）说的。

② 引文出处同前注。这句话是由该文作者佐伊·科尔宾（Zoë Corbyn）说的。

晚和周末,我就花很长时间阅读我手头能找到的几乎所有的书,努力去搞明白人们为什么会那样想,既包括他们对自然世界的想法,也包括他们对人造景观的想法。如果从我苦苦追寻的问题的角度来看,我的出生恰逢其时,因为《寂静的春天》(*Silent Spring*)在我蹒跚学步的时候出版,现代环境运动在我长大的过程中风起云涌。

当我 40 岁的时候,我之前林林总总的阅读给我的人生带来了一系列根本性变化,最终,导致我写出了你现在阅读的这本书。

我曾干了几十年的木工活,还在孩提时代,父亲就开始手把手教我这个技能。手工创制家具和重复性的枯燥劳动几乎完全相反,同我们所想到的流水线和工厂大生产是不一样的。但是过了一阵子,用手工做一件独一无二的家具逐渐变得单调乏味,慢慢地磨蚀了我的兴趣。的确是这样,虽然干木工的日子里每天都有新的挑战,可是由于我此前常常做类似的活儿(在木工中,制作一个燕尾榫接合结构有很多种方法),所以那些木工活在我心里不再有很大的吸引力。

我还面对着这样一个事实。自少年时代第一次阅读《瓦尔登湖》以后,我就几乎痴迷于与环境有关的任何东西,把梭罗当作我最初的、最伟大的英雄之一。"生态迷"是人类的一个物种吗?如果是,我就是其中之一。我不仅阅读、重读、研究了所有里程碑式的思想家(比如缪尔、利奥波德和卡森)的著作,还一头扎进故纸堆里,深挖环境思想的历史,啃了一批诸如乔治·柏金·马什(George Perkins Marsh)1864 年出版的《人与自然》(*Man and Nature*)这类深奥艰涩的著作。

尤为重要的是,我想更好地弄明白我们人类是如何把自己置于当下环境窘况之中的。如果我们更多地了解我们过去所走过的路及其如何把我们带到今天这个地步,那么我们就能一窥前方远处还没有探索过的道路,当然这还需要一点小运气。

在 20 世纪最后 25 年里,我注视着现代环境主义运动的发展演进(是从局外人的角度看的,我蜗居在住宅的一个小房间内,屋内摆满了书架,书架上填满了书,使得房间很幽闭),有种如鲠在喉的感觉,因为现代环境主义运动忽视了某些必要的东西。从一些基本的和关键的方面看,我们对自然的理解,对人与自然关系的理解,似乎是混乱的、矛盾的。

在很多人心目中,自然和荒野是同义词,或者大抵如此。由于自然从定义上常常被想象为是与人类世界相隔离的另一个世界,所以无人居住的荒野常常被看作是自然最后的坚固要塞。由于这个原因,荒野保护一直是一个多世纪以来环境保护主义者关注的急迫问题。

但是,养育了我以及出产各种各样农产品的那些肥沃的农田怎么办呢? 几千年来,在西方人的思维中,文化被置于自然的对立面,所以耕耘过的土地也被看作是隔离的,是与自然分开的。事实上,根据这一观点,如果走向极端的话,人类所做的任何事情都可能从定义上被看作是非自然的,而且两相对比来看,人类留下足迹的地方在地位上常常比不上荒野。

很多环境保护主义者对于人类耕作过的土地(不仅包括像我家那样的农场,还包括城市、乡镇、工业中心等很多其他的建筑区域)所表现出来的相对冷漠,是否可能与我们想象自然的模式有关? 如果答案是肯定的,那么西方理解自然和文化的方式,也就是常常表现为二元对立的模式,可能会在现代环境思维中产生深远的影响,这种思维方式传播得越广泛,造成的影响越令人焦虑。

表面看起来微不足道的家庭农场的消失,不仅标志着农田的丧失,还暗示着更大、更有影响的东西的缺失。这似乎不太可能。但是,它表明,人类关于自然的古老观念依然存在,而且在现代世界中很有市场,影响着环境研究人员、政策制定者,甚至以各种各样的方式影响着我们每一个人。

早在我干木匠造家具并以此谋生的时候,我就想到这一点,但是我知道，我人微言轻，既没有教育背景，也没有专业知识，根本不能影响现代人的环境思维。尽管如此，像很多人一样，我还是疯狂地想做点不同的事情。

但是，怎么开始呢？重回学校接受教育似乎是往正确方向迈进的一步。于是，我开始利用晚上的时间在读本科的那所本地走读大学选修了几门研究生课程。但是，我很快就弄明白，要想实现我那卑微的教育目标，也就是说，长期研究我们西方对待自然和环境的态度的历史，就得尽力接受最好的训练，做最充分的准备。也就意味着，我需要接受尽可能好的教育，那就是从一流大学获得一个博士学位。

有一个古老的笑话，说的是一个人开车迷失了方向，试了几次都找不到路，于是停下车问路，结果当地人告诉他："你从这儿到不了那儿。"这个笑话（我得承认不怎么好笑）的笑点是，你当然能从地球上的任何地方到达其他任何地方。的确，路线可能很复杂，旅途可能很坎坷，但是从这儿到那儿，几乎总是可能的。

然而，对于一个年近 40 岁的木匠来说，尤其是考虑到他历经 10 多年才通过上夜校获得一个名不见经传的大学的本科文凭，要想去一流学府读研究生，几乎是不可能的。但是，我做到了。到哈佛大学报到以后，我发现我所在的系里没有人记得从前有像我这样大年龄的人来读博士学位，更不用说像我这种有着非同寻常背景的人了，从来没有过。

我所学的博士课程即使对精力充沛的 20 多岁的年轻学子来说，也是很艰苦的，通常比法学院的博士课程多花一倍的时间，要六七年才能完成。像我所攻读专业的博士研究生，大学每年录取的名额一般不超过 10 个。

对任何一个人来说，这样的博士课程都是令人望而生畏的，对我来说尤其如此。大学本科毕业的时候（那时我 30 多岁，每学期上一到两门夜校课程，终于完成毕业所需要的 128 个大学学分。

这样的学习是一个非常痛苦、缓慢的过程),我才认识到自己患有严重的读书困难症。我的一位善于观察的朋友看到我写作时所犯的种种错误,于是提醒我注意这个问题。我读小学的时候,这种病还没有得到很好的认识,所以也得不到医生的诊断。就在这样的年代里,我长大了,我的这个毛病竟然没有引起其他人的注意。

当然,我知道我身体的某个地方出了毛病。因为对我来说,区分左和右会让我不知所措,寻找方向或给人指路简直就是一场噩梦(如果让我带路或指路,是不可能从一个地方到达另一个地方的)。但是,更大的问题是,即使我满腔热情地去读书,把大量的时间花在课程作业上,我在中学和大学依然是一名学业很糟糕的学生。高中时,我的成绩排名达不到前三分之一。大学时,我学的专业是英语,课程 GPA(平均学分绩点,最高是 4)是 2.7(注意,我没打错数字,是 2.7,不是 3.7)。由于上夜校的学生太多,老师极少有时间批改学生交上来的大量作业。因此,课程最后的成绩几乎毫无例外地是根据课堂上匆匆进行的考试来确定的。你可以想象,我的考试答卷里总是充斥着令人不知所云的文法错误,以致英语教授皱眉蹙额。尽管我养成了阅读新材料的习惯,但是并不表明我吸收掌握了教授讲授的内容,所以对我的课业成绩而言没有多少帮助。我担心这可能会给老师留下不好的印象,被认为是一个傲慢自负的怪人。现在回顾起来,也许我真的是那样的怪人。

那些年是我非常焦虑不安的日子。当其他人都不信任你的时候,一天又一天,一月又一月,一年又一年,你的确很难再相信你自己以及你的能力,这话听起来像是老生常谈,但确乎如此。在我一生所面对的众多挑战中,这可能是最大的一个。有时候,我就想,对于我的能力和我的潜力的认识,怎么可能是其他的人都错了?每每这个时候,我就感到深深的绝望。但是,我并不后悔我做木工时度过的那些岁月。我有时会想,如果我小时候就被诊断出得了阅读困难症,我的生活将会是什么样子?

既然清楚地知道自己的优势和在写作方面的劣势,我就采用了一些技术手段来弥补我的不足。比如使用我改进过的文字处理软件,帮助找出那些可能逃脱我检查的错误。我还有一位有着校对天赋的可爱的合作伙伴,也给予我很大的帮助。

由于认识到考上博士对于像我这样的人来说是极其困难的,因此我就想,我必须做一些完全不走寻常路的事情,才能踏入大学的门槛攻读博士学位。考虑到我的选择余地(我们得面对这样一个事实:我当时并没有多少选择),我有了一个独辟蹊径的计划,即在申请攻读博士以前,撰写一篇博士论文,从而证明我有那方面的能力,因为博士论文是攻读博士的最终目标。

现在,我本人在大学担任博士生指导委员会主任已经三年了,我强烈地建议其他人不要尝试类似的鲁莽做法。学术写作有它的一套话语体系,要遵守约定俗成的规范,其方方面面的要求往往很难为学术圈以外的人所了解。如果想独辟蹊径取得成功,你需要有特别好的运气才行。

我非常幸运。我上夜校时有一门课是备受尊敬的黛安娜·麦考利(Diane McColley)讲授的,她对当时文学研究领域刚刚兴起的生态批评很感兴趣,生态批评是"生态文学(或文化)批评"的简称。此前10年,也就是20世纪90年代,生态批评学者开始认真地审视梭罗和华兹华斯(Wordsworth)等作家,目的是更好地理解现代环境思想。黛安娜教授对这种研究思路很感兴趣,并积极推动将环境历史追溯到莎士比亚(Shakespeare)和弥尔顿(Milton)的时代,希望揭示更多我们对自然世界持有坚定信仰的信息。①

在黛安娜开始为期一年的学术休假前不久,我问她是否有时

① 巧合的是,在这方面,那个时代是人们反思环境信仰最倾心的历史时期,我也有着这样的看法,因为,就是在这个历史时期,关于环境问题的现代思考才开始第一次得到强化。尽管早期有一些研究文艺复兴时期文学生态批评的著作,但还没有学者令人信服地应用当代生态批评理论来研究现代初期的文学,并著书立说。我把这看作是一个极其难得的机会,同时也是一个异常艰巨的挑战(非常艰辛,令人望而生畏),但不知什么原因,对我产生了极大的吸引力。

间审阅一下我的硕士论文,内容是对诗人约翰·弥尔顿的生态批评研究。我们两人达成的共识是:我每个月把新写的部分寄给她。

我的硕士论文计划写 30 页。12 个月以后,我寄给黛安娜教授的稿子加起来达到了 300 页。她建议我向出版社投稿,申请出版,我实际上是希望向未来的博士招生委员会证明我能够撰写论述严谨、逻辑清晰、有博士论文长度的文章。但是,在黛安娜教授的坚持下,我把论文稿件寄给了出版社。令我惊讶的是,曾在 1630 年出版弥尔顿第一部重要作品的剑桥大学出版社,竟然同意购买此书的版权并予以出版。于是,那本书成为我的第一部著作,书名是《弥尔顿和生态》。

一家世界知名大学的出版社竟然出版一个没有研究生学位的籍籍无名的小木匠的著作,这到底是怎么一回事?原来,事情很简单,出版社不知道我是谁,或者是不知道我不是专家教授。从第一个审读我书稿的组稿编辑开始,出版社的每一个人都想当然地认为我是一位教授,因为学术出版社极少接受学术圈以外的投稿。尽管我对此感到惶恐不安,但也不敢纠正过来。每当他们称呼我"教授"时,我总是本能地回应说,还是请叫我的名字吧。我得承认,没有更正他们对我的称呼,一方面是我的私心在作怪,另一方面,我也很好奇,想看看到底需要多长时间,出版社的编辑才能发现这一点。

我的运气真的很好,一直都没有人发现。不过,最后签署出版合同的时候,看到我的名字前面有"教授"称谓,我只好坦白了。也许是因为事情已经过了那么长时间,没有人再说什么,只是简单地变了变我签字的地方。

弥尔顿创作了英语文学中最好的长诗之一《失乐园》(*Paradise Lost*),他之所以令我着迷,是因为我认为他是西方思想中对环境持新态度的先驱。在弥尔顿的作品之前,多数欧洲人认为大地是堕落的、卑贱的,与人们想象中的苍穹(上天)相比,是黯然失色、低下的地方。地球由于被与次等的、物理的存在联系在一起，所以被看作是恶行的家园和场所。用这种方式来想象地球，就为将来对环境的破坏埋下了伏笔。

但是，弥尔顿对此一点都不认同，他把地球和多数尘世里的东西（包括河流、山川、鲜花以及诸如美食、性爱等很多生活中充满诱惑的东西）都看作是适宜的、正当的。他在这方面甚至走得更远，大胆地宣称，这些尘世的东西都是神的显现，应该受到赞美。根据弥尔顿和其他接受这一态度的宗教思想家的理念，我们在仰望一座原生态的高山时，会把它看作大自然中无处不在的、时刻赐福的神圣造物主的创造，而不是看作一个无关的、超然的、漠然的存在物。按照这种思维逻辑，如果地球变得满目疮痍，那就是人类行为的结果。因此，对神造万物（包括地球及其上面的所有东西）的破坏，可以视为是对神灵的一种亵渎。

这种巨大的思想转变为像约翰·缪尔（John Muir）这样的作家的创作奠定了理论基础。两个世纪以后，缪尔认为荒野实际上就是一个圣殿，是神灵的家园。当有人提议在优胜美地国家公园的赫奇赫奇山谷（Hetch Hechy Valley）建造一座水库从而为旧金山和其他地方提供水源时，缪尔给予强烈谴责："这些人是圣殿的摧毁者，是破坏性商业主义的狂热者，他们似乎从骨子里对自然有着不折不扣的蔑视……因为人类心目中再也没有比这更值得崇敬的圣殿了。"①

在弥尔顿的作品中，我看到了人们早期对自然态度的端绪，我们通常将这一态度与缪尔等后来的思想家联系起来。这一点构成了我们对荒野怀有深度敬畏的思想基石。

① John Muir, *The Yosemite*（《优美胜地》）, New York: Century, 1912, pp. 249－262. 1869年11月15日，缪尔在给以斯拉·卡尔（Ezra Carr）的信中写道："我必须回到山野里，回到优胜美地……我必须回到那伟大的圣殿里，聆听冬天的歌谣和圣教，因为只有那里才能吟唱动人的歌曲，才能播撒天外的福音。"引自 *John Muir: His Life and Letters and Other Writings*（《约翰·缪尔的生平、信件和其他著作》）, Seattle, WA: Mountaineers Books, 1996, p. 109。

为了寻找一个神灵创造的未被破坏的优美自然的案例，弥尔顿没有去某个遥远的地方（像缪尔去优胜美地国家公园那样），而是回到了远古时代。《失乐园》以铺张扬厉的语言重述了《圣经》故事中伊甸园里的亚当和夏娃，为弥尔顿提供了一个想象人类曾经和自然有着亲密和谐关系的机会，但是那个和谐的关系现在没有了，丧失了。因此，在长长的秉承回归自然理念的思想家名单中，弥尔顿是一个很重要的节点。这些思想家认为，自然和我们之间的关系曾经是完美的，或者是接近完美的。在弥尔顿之后的那一代人中，法国哲学家让-雅克·卢梭（Jean-Jacques Rousseau）继承了这一思想的衣钵，并进一步发扬光大。正如我们在第一章将要看到的，对伊甸园美好过去的信仰（即我们曾拥有过但后来失去了与自然之间的美好和谐关系）依然存在，而且在今天非常流行。

阅读、思考弥尔顿的作品时，我开始想这个问题。回归自然和宗教敬畏是我们在面对荒野时所感受到的，是我看到的诗人留下的两项最伟大的遗产。同时，我认识到，它们可能还有着其他未解的寓意。这种认识为本书的写作播下了种子。

不过，还是长话短说吧。那本关于弥尔顿的书还没有出版，我就接到了好几所大学的博士录取通知书。最后，我必须要从普林斯顿大学和哈佛大学中选一个。尽管我最终选择了哈佛大学，但10年后我写这本书的时候，是在普林斯顿大学。我以访问教授的身份在普林斯顿大学待了一年时间，担任普林斯顿环境研究所和英语系的联合讲席教授。

为什么要研究英语文学呢？为什么不通过研究地球科学或生态学（比如气候变化）从而直接解决迫在眉睫的环境问题呢？尽管我对自然科学有着极大的尊重，这本书会不厌其烦地强调自然科学在我们未来的生活中的重要作用，但是我的主要兴趣以前是、现在依然是更好地了解我们人类对于环境所持的信仰和态度。我想知道这些想法背后的历史，它们是从哪儿来的？它们又要到哪里去?

那么,为什么不研究历史而研究文学呢?实际上,我两者都研究。近年来,很多文学研究者都是这样的。请允许我举个例子解释一下,这有助于厘清本书的理论和方法。

1945 年,有位业余考古学家在距离一个安静的新英格兰小镇一英里的地方发现了一个小木屋的地基,大约有一个现代花园凉亭那么大,是 100 多年前的人居住的地方。即便对这块不起眼的地方进行深度挖掘,也不会了解多少关于谁生活在那儿以及为什么生活在那儿的信息。不过,对于住在那儿的这个人,我们正巧知道很多,因为他用文字详细记录了自己在那个小木屋的生活以及周围森林的情况,并流传了下来。他的名字是亨利·戴维·梭罗,他的文字记录后来成为一本书,这就是《瓦尔登湖》。

我们去世后留在身后的关于我们生活的物质遗迹,比如房子、家具、餐具甚至是我们的垃圾,往往会告诉考古学家和历史学家很多关于我们是谁以及我们如何生活的信息。但是,它们也只能告诉这么多。虽然从这些遗存的东西中也可以不同程度地推测其主人的日常生活状况,但是这些物件不是我们了解他们感受和思想的唯一窗口。

5000 多年来,人们一直在书写他们的生活、梦想、恐惧、信仰以及几乎所有你能想到的一切(才华横溢的散文大师蒙田曾写过一篇关于大拇指的论文)。在有些情况下,这些著述流传下来,向我们打开了他们的世界,这是那些古代遗址上盆盆罐罐的碎片以及残破建筑的地基所不能告诉我们的。

作为文化和文学史学者,我主要是查阅这些作品,目的是更好地了解其作者的信仰以及他们所生活时代的文化。我自己的独特目标是希望更全面地了解我们现代人对环境的立场、态度或看法。

人们想到文学研究的时候,脑子里常常会跳出“隐喻”“情节”

“象征主义”这类词语。以这些概念和相似的概念为武器,一代又一代的中学生和大学生在诗歌、小说和其他各类文学作品中寻找文本里面更深层的、隐含的意义。但是,在学术研究中,这种文学研究模式早在几十年前就在很大程度上落伍了。

20 世纪上半叶,一批作家认为,文学中真正重要的是作者超越其特定的文化和历史时代所表达出来的东西。这种文学研究方法在 20 世纪 40 年代被冠之以新批评(到了现在早就不“新”了)。新批评认为,伟大的作家洞悉人性的本质,这种本质历时而不变。因此,他们常常在作品中表现人的本性,比如傲慢、爱、抱负等。爱,不论是在大约 2700 年前古希腊萨福(Sappho)笔下,还是在 400 年前英国伊丽莎白时期莎士比亚笔下,或者是在近年纽约布鲁克林区的一个诗人笔下,都是一样的,对我们所有的人来说,都是跨越时间和空间的。作家以敏锐的洞察力审视人类共同的、永恒的特质,同时,他们又具有深刻地表达这些思想的能力,所以备受社会的尊敬。按这个标准来判断,像弥尔顿、莎士比亚这样的作家都被认为是所有时代最伟大的作家(现在依然是)。

不过,这种研究方法也有很大的局限性。

首先,即使人类最根本的情感比如爱,都受到我们生活其中的文化的影响。新批评学派的学者如果生活在一个异性性行为是社会公认的道德规范的时代,就会很难理解诸如萨福等诗人的作品,更谈不上欣赏,因为她的作品是关于同性恋的。即便莎士比亚也会让新批评学者感到为难,因为他轮番交替着给一位“黑女士”(Dark Lady)和一位貌美的年轻男士写情诗。如果我们不理解作者的特定文化背景和历史时代,就可能想当然地认定,他们所抒写的爱的意思,就是我们所理解的爱的意思。如果这样认为,我们很可能就错了。

莎士比亚的一首十四行诗可能是对爱的赞美,但也是对莎士比亚时代如何看待爱以及如何解读爱的历史记录。正是由于这个原因,这首诗具有特别重要的价值,它向我们传达了大量关于当时孕育这首诗作的文化信息。就其本身来说,了解英国过去的文化十分有趣,在有些情况下,我们可以走得更远一点,进而了解我们自己的文化,甚至了解我们自身。对我来说,这是文学最有价值的东西。

如果说文本是我们文学传统中有影响的部分,就像莎士比亚的十四行诗和梭罗的《瓦尔登湖》一样,那么它也会对后来的思想产生某些影响。《瓦尔登湖》出版后的一个世纪里,数十名思想家受到梭罗思想的影响。他们可能自己读过《瓦尔登湖》,也可能是结识了其他熟悉那本书及其思想的作家和艺术家。这些后来的思想家不仅包括约翰·缪尔和奥尔多·利奥波德(Aldo Leopold)等明显深受梭罗影响的人,还包括乔治·艾略特(George Eliot)、薇拉·凯瑟(Willa Cather)、马塞尔·普鲁斯特(Marcel Proust)、威廉·巴特勒·叶芝(William Butler Yeats)、辛克莱·刘易斯(Sinclair Lewis)、欧内斯特·海明威(Ernest Hemingway)、弗兰克·劳埃德·赖特(Frank Lloyd Wright)、古斯塔夫·斯蒂克利(The Gustave Stickley)、约翰·巴勒斯(John Burroughs)、B. F. 斯金纳(B. F. Skinner)和萧伯纳(George Bernard Shaw)等很多人。这还只是在《瓦尔登湖》出版后100年里受影响的人物。自20世纪60年代起,随着回归田园运动(Back-to-the-land Movement)的兴起,《瓦尔登湖》更是洛阳纸贵。[①]

---

① 伟大的作品从来不会孤立地存在。在谱写一种新的环境情感方面,梭罗不是一个人在奋斗,因为,正如所有伟大的作家一样,他的前面和后面都有其他伟大的作家。梭罗之所以能够倡导捍卫对大自然的欣赏,是因为他受到了很多比他更早的作家的影响(包括约翰·弥尔顿、巴鲁赫·斯宾诺莎、让-雅克·卢梭、埃德蒙·伯克等人)。同时,也有一批作家受到梭罗的影响,也许最为知名的是约翰·缪尔和奥尔多·利奥波德,他们进一步发展和拓宽了梭罗的思想,从而形成了现代环境理论。

如果我们阅读《瓦尔登湖》时只认为它述说了跨越时间的真理，可能就大大忽略了该书对美国文化史的突出贡献。如果我们认为梭罗在《瓦尔登湖》中所推崇的对自然的爱，仅是历史上任何一个节点、任何地方的人形成的共识，并分享的某种亲密关系，就像是新批评学者所想象的一个人对另一个人的爱，那么我们就会冒有一定的风险，即忽略梭罗以及他之前之后一些作家为重塑我们与环境之间关系所作出的贡献。

为了更好地理解他们是如何重塑人与自然之间关系的，我们需要暂时停下来，思考一下过去的书籍对当下世界产生的影响。

各类图书和文字资料可以告诉我们很多关于作者及其所处时代的文化信息。不过，有些图书和文字资料比如《瓦尔登湖》，不仅反映了一种文化信仰和价值观（这与每年摆在书店书架海量的完全平淡无奇的书是不一样的），而且还通过重新审视人们现在的态度，甚至有时通过提出全新的思想观念，在重塑文化方面起到了一定作用。按照我的思维模式，这些就是“伟大的著作”，即便它们第一次出版时没得到这样的认可。在有些情况下，比如1845年出版的《弗雷德里克·道格拉斯生平记述》（*Narrative of the Life of Frederick Douglass*），其真正伟大之处直到多年以后才显现出来。即便在今天，道格拉斯在书中创造的世界（不仅要废除奴隶制度，而且还要废除种族歧视），依然令人痛心地难以实现。与道格拉斯的书一样，《瓦尔登湖》也在美国文化中催生了一些新的东西。总体来说，我们称之为一种环境伦理。

使得梭罗和道格拉斯等作家、艺术家如此超凡脱俗的，是他们敢于走在我们所有人的前面，去洞察未来，想象未来可能的样子。他们在著作中将他们所展望的未来，与当下生机勃勃的世界联系起来。最终，如果证明他们对未来进行了真理性的预言，那么这个世界迟早会朝他们预言的方向发展。《弗雷德里克·道格拉斯生平记述》和《瓦尔登湖》都提出了改变世界的思想,[1]在它们出版100多年后,大致是20世纪60年代,美国主流社会开始追寻这两位作家所设想的世界。

关于思想,也许其最有趣和最重要的一点是,它们不仅存在于书本中,还活跃于我们的内心里。令人讶异的是,我们常常轻率地认为,这些思想是理所当然的,是正确的。比如,因为我们继承了弥尔顿、梭罗和缪尔等人所想象的环境伦理,这种伦理就深嵌在我们的信仰里。由此,很多美国人坚定地认为,荒野应该受到尊重,人们对荒野应该怀有宗教般的敬畏。但是,几百年前,这种态度在很大程度上是不存在的。比如,在莎士比亚时代的英格兰,多数人不关心荒野,更不用说对荒野怀有特别的敬畏。

说起来也许有点让人五味杂陈,那就是我们从来没有读过他们的书,甚至不知道他们的名字,但他们很久以前就通过立言在塑造我们某些最刻骨铭心的、看起来最个人化的信仰方面,发挥着作用。哲学家马丁·海德格尔(Martin Heidegger)通过研究提出,我们在出生的时候就被"抛入"了历史上某个特定时刻的特定文化里,这既影响我们成为什么样的人,也影响我们持有的很多信仰。我们出生时所在的文化以及时代,完全是随机性的,显然不是我们自己所能控制的。如果我们早出生几代,很可能就会像多数美国人一样,成不了环境保护主义者。从部分原因看,正是由于梭罗等作家(特别是最近50年),这一切才发生了很大改变。各种各样的思想不断地你方唱罢我登场,同时也受到挑战。比如,道格拉斯向奴隶制度发起了挑战,梭罗则推动改变了人们对自然的态度。

---

① 一点都不奇怪,这样的书(道格拉斯的书就是一个最鲜明的例子)有时一开始看起来不入时俗,无足挂齿,甚至被视为完全错误的和邪恶的,因为这些书所表达的思想与传统背道而驰。正是由于这些书看起来不合时宜,所以刚出版的时候往往得不到公正的评价,不会被视为伟大的作品。事实上,有些最初被认为是伟大的作品,却很快被历史证明并不伟大,而那些看起来不怎么重要的作品可能最终证明是最伟大的。当然,情况也不总是如此。比如,《寂静的春天》虽然对于环境以及人类在环境中的位置提出了新的思考模式,但甫一出版,就被认为是重要的作品。

我们一旦明白我们的信仰和思想受到文化的影响,而且常常处于变动之中,那么就会清醒地认识到,我们的信仰和思想的历史是可以研究和探讨的。在20世纪60—70年代,历史学家米歇尔·福柯就汲汲于探寻我们文化思想的本源。他深受海德格尔的影响,提出这样的推理:如果我们的思想是随着时间的推移在文化中构建起来的,那么应该可能往回追溯到它们最先出现时的样子,沿途去见证它们是如何变化和发展的。为了做到这一点,他采用了很多种方法,比如聚焦于我们对性的认识。福柯注意到这样一个事实:我们对诸如性这类复杂问题的态度,是在岁月的长河中被文化建构起来的。[①] 他的历史观不仅让他对那些孕育了一直流传到我们手中的思想文化,而且更为重要的,对那些继承这些变动不居的信仰和思想的当代文化以及个人,进行了非凡的洞察。

从某种程度上说,正是这种理念激励着我来到哈佛大学读博士。

在20世纪70年代末期,福柯的思想对一位年轻学者产生了很大的影响,那个学者叫斯蒂芬·格林布拉特(Stephen Greenblatt),他当时是加州大学伯克利分校的教授。格林布拉特认识到,用福柯的理论来研究文学能够以全新的方式打开旧有的文本。他可能没有认识到的是,他正在文学研究领域掀起一场革命。文学可以为人们洞察过去文化中的思想和价值观甚至我们自己的信仰,提供独一无二的视角。格林布拉特将他的这种研究路数冠之以“新历史主义”。就像新批评一样,这种文学批评理论现在早已不新鲜

---

① 作为一个同性恋者,福柯对我们关于同性恋的思想和禁忌是如何产生的,有着特别的兴趣。出人意料的是,他发现,作为一个类别,作为你所遇到的一群人,同性恋者最初是在19世纪出现的。见 Michel Foucault, *The History of Sexuality*(《性史》), *Volume* 1: *An Introduction*, trans. Robert Hurley, New York: Vintage Books, 1980, p. 43。福柯宣称,在此之前,没有同性恋者。他这样说的真实意思是,在此之前,如果一个人与同性的人发生性关系,只是被看作一个孤立的个案,而不会被贴上一个不同类别的人这样的标签。但是,到19世纪末,人们对这种行为有了新的看法,从而相应地需要有一个新的词语来描述它,于是,英语中“同性恋者”这个词语就在1892年产生了。(见《牛津英语词典》词条“同性恋”A)

了，但是依然有巨大的影响，以不同的方式在今天很多的文学批评领域发挥着作用。

利用文学文本来了解一个文化的内涵，往往会有一点讨巧之嫌或面临一点风险，因为作家本人对他们自己的文化及其所处的时代，甚至他们写作的内容，并不总是理解得十分透彻。而且，作家往往不是一种文化最好的代表人物。从历史上看，只有极少数的天选幸运儿才能既接受了教育，又有足够多的闲情逸致进行写作。我父母生活的时代，普通的农夫和木匠一般接受的是八年学校教育，像他们那样的人，鲜有在身后留下让子孙后代很感兴趣的文字性的东西。在欧洲和美国近几百年的历史上，最有影响的作家总的来说是那些主流文化中富有的、白种的、异性恋中的男性公民。

文本尽管有一定的局限性，但是由于记录了信仰和思想，还是能揭示出大量东西的。这些文本不仅包括“高大上”的文学作品，还包括所有的文字材料，所有人类写下来的东西。没有人（即便是它的作者）会认为文艺复兴时期一份很不起眼的农场手册是艺术作品，但它很可能要比莎士比亚的任何一部戏剧都揭示出更多关于当时社会对环境态度的信息。[1] 对于看重文本自身的美以及审美价值的人来说，这可能有点让人难以接受，因为这样一个平淡无奇的手册竟然和莎士比亚的作品平起平坐。不过，新历史主义并不是要让我们贬低文学的审美价值，恰恰相反，多数新历史主义学

---

① 20 世纪 80 年代，当《弗雷德里克·道格拉斯生平记述》（*Narrative of the Life of Frederick Douglass*）这样在文化上非常重要的作品被首次建议列入高中生必读书目的时候，社会上出现了强烈的反对声音，其理由是，那不是一部伟大的文学作品。（事实上，这个例子不恰当，因为该书写得很棒。真的，如果你读一读，就知道了。）这些反对之声忽略的重要一点是，道格拉斯的著作不仅是他那个时代最伟大的作品之一，而且对那个世纪最令人焦虑的问题之一进行了最敏锐的洞察。

斯蒂芬·格林布拉特以及那些追随他的人，不仅给文学研究设想了新的作用，而且还打开了一个全新的文本世界。一旦认识到这一点，就会清楚地发现，以前一直被当作伟大文学作品看待的那些文本，有时只不过是被主流文化所认定的。在主流文化视野里，像道格拉斯作品那样的文本被极大地边缘化了。正因为如此，这些被边缘化的文本在打破文学研究的现状方面，有很大潜力。

派的文学学者依然深爱着文学文本，做他们认为正确的事情。尤其是，新历史主义强调，文学的美和价值不是存在于表面，而是存在于文字深处。也就是说，传统上被忽略的文本可能证明是对未来具有更大价值的东西。比如，如果我的祖父能够留下对农场、农业以及与他劳作的土地之间关系的思考，那对于未来的人来说，将是非常有用的。

我走上学术研究这条道的时候，格林布拉特已经从伯克利来到了哈佛大学。虽然他的研究兴趣主要不是在环境方面，但是在我对环境最感兴趣的那段时间里，他正好就在哈佛大学任教，所以很明显，他就成了我的博士论文指导老师之一。我博士论文的目的是利用新历史主义批评理论，研究现代早期的文本，从而追溯现代对环境的态度是如何兴起的。尽管其他学者也利用新历史主义理论研究环境问题（知名的有劳伦斯·布埃尔，机缘巧合，他也是哈佛大学的教授），但总的来说，他们是在后来才开始研究的。

我得坦承，刚到哈佛大学的时候，我心里非常忐忑不安。与我一起报到的7名博士生都很优秀，其中两人本科毕业于哈佛大学，一人毕业于耶鲁大学，还有一人来自艾姆赫斯特学院（Amherst College）。他们都是青年才俊，毫无例外。平均起来，我比他们年长近20岁。

有没有这个说法，曾经的青年才俊一定会在后来的人生中达到事业的顶峰？如果有，那么我在哈佛大学的很多教授就是如此。在某些领域，比如数学，那些天才往往在很年轻的时候就一鸣惊人了。仅仅在一年之中，27岁的爱因斯坦就发表了4篇划时代的论文，其中一篇向世界宣布了狭义相对论，另一篇为他赢得了诺贝尔奖，第三篇推出一个简明扼要的、关于能量与质量的公式$e=mc^2$。

与此相对的是，在人文科学领域，很多学者30岁的时候还在上学呢。有少数人文学者在40岁以前就出版了扛鼎之作，比如斯蒂芬·格林布拉特，不过，他是个例外。而劳伦斯·布埃尔

(Lawrence Buell)50 多岁时才出版了他学术研究中重要的成果,那是一部关于梭罗的著作。

我同级博士同学的优秀让我自惭形秽,压力很大,我的哈佛教授也给我同样的感觉。但是,令我想不到的是,他们都给了让我不抛弃、不放弃的信心和勇气。

丁尼生创作了一首长诗,把荷马笔下的英雄尤利西斯(也就是奥德赛)想象为一位年迈的国王。尤利西斯将他的王位传给他的儿子忒勒玛科斯,他意识到他年轻时取得的传奇般、史诗般的丰功伟绩已经成了过眼云烟,因此就琢磨,"是否还可以有所作为,可以做点高尚的事情"。当有了肯定的答案之后,他做出了让所有人都震惊的决定,要驾驶一艘崭新的航船,把过去的人生统统抛在后边,去追寻一个新的世界。

如果我在 40 岁才走上数学研究之路,我的决定可能听起来好笑。不过,在哈佛大学,我了解到,有不少人到了我这个年纪还没有完全发挥出他们的学术潜力。在有些情况下,他们最优秀的学术成果是在 10 年或更长时间以后才取得的。当然,比起二三十岁的年轻人,我是 40 岁开始读博士的,有很长一段路需要追赶上来。但是,我的野心看起来似乎也不那么可笑,也许还是可行的。

令我高兴甚至更为惊奇的是,好运气一直伴随着我。由于攻读博士学位时有着清晰的论文写作计划,我用 4 年时间就拿到了博士学位。一毕业我就找到了工作,在加州大学圣塔芭芭拉分校(UCSB)担任助理教授。UCSB 是世界一流的研究型大学,有 6 名诺贝尔奖获得者。除此以外,这所大学坐落于一个风景秀丽的海角之上,是美国最美的校园之一。由于我已经出版了一部著作,我所就职的系通过投票,让我在从事教学工作 13 个月后就获得了终身教职。

最后,从我的经历中,有 3 个主要的认识与大家分享。第一个是幸运,我非常幸运,但其他两个认识相比之下更有用。第二个认识是最近几十年,随着人类寿命的延长和中年活力的大幅度增强,一个人在一生中晚些时候开始新尝试,并作出有意义的贡献的可能性,也大幅度提高了。第三个认识是不管你从何处开始,几乎都能走到你一生中要去的地方,这也许比你想象的可能性更大。有时,你真的能从这儿抵达那儿。

这本书的主体部分(我向您保证,这部分不会过多地讲述我生活的细枝末节)旨在挑战我们传统的环境思想。如上所述,亨利·戴维·梭罗曾是我心中的英雄之一。梭罗身上依然有很多东西让我敬仰,所以我一直赞赏梭罗巨大影响中的积极因素。如果说现代环境思想的形成完全归功于梭罗,那就把问题简单化了,不过它的根源在美国很大程度上都可以追溯到梭罗那儿。但这并不一定是个好事。

梭罗常常被视为现代环境思想的预言家,《瓦尔登湖》也是数千年来颂扬我们可以回归自然这一思想的巅峰著作。5000 多年来,一大批西方思想家和著述认为人类曾经与地球和谐共处。有些人甚至暗示,人类是有可能回到那种自然状态的。梭罗的不同凡响之处在于,他以非常文学化的方式,真的尝试去实现那种回归。他被后人铭记并产生影响的原因,可能是他用优美的语言文字向广大读者解除了一个古老的疑虑,确认了那种生活过去很好,现在依然很好。

这是个让人心安的思想,毫无疑问会有助于解释人类持续不断的诉求,即便是在 21 世纪,依然如此。不过,本书的观点是,这种思想虽然给人慰藉,但也存在着危险,因为它一方面造成了广泛的环境破坏,另一方面还阻止我们向相反的、不过我相信是急需的方向迈进,这个方向就是:走向自然。

本书的上半部分将详细解释我所说的"走向自然"的真正含义以及我为什么笃信我们需要把自己的思想从注重过去调整到注重未来,摈弃那个我们能以某种方式回到自然的虚假希望。我们需要把设想一个与自然更加和谐的关系作为未来的目标,而不是去浪费精力试图获取从来不存在的东西。事实上,我们需要将其视为人类最伟大的雄心之一,特别是在当下我们全力建设与地球未来关系的时候,这种关系目前还远远谈不上和谐。

第一部分

走向自然

告别过去

从环境的角度看,这一切到底是从哪儿开始出错了呢? 我经常被问到这一点。在我听来,这个问题问得有道理,也充满善意。不过,它很复杂,隐含着不少陷阱,因为它常常关联着一系列问题(尽管有时没有说出来)。比如,到底是什么出错了? 为什么会出错? 被谴责的应该是谁? 这些问题一个比一个急迫,往往是你刚回答了前一个问题,接着就出现下一个更尖锐的问题。一旦我们更好地理解了我们的处境以及我们的环境问题是如何开始的,那么我们又该怎样去让时光倒转,修复或至少减缓我们造成的环境破坏呢? 但是,即便如此,也不是问题的终点,因为还有一个最令人揪心也是最紧迫的问题:进行成功干预,还来得及吗? 由于我们的环境问题在规模上已是全球性的,也许一些不可逆转的"临界点"(tipping point)已经到达并已过去。

对于本章开头的问题,我先不进行解答,而是提出我自己的一个问题,从而作为回应:从环境的角度看,我们为什么认为有些事情是永远正确的? 这个问题尽管听起来有点避重就轻,但是我认为它要比我能想到的任何答案都要好。为什么我们会真的相信人类曾经与地球有过某种和谐的关系而现在失去了呢? 下面我们会看到,在历史记录中,几乎没有资料显示曾存在过这么一个幸福欢愉的时刻。那么,为什么这种观念如此普遍? 在解决这个问题之前,如果先简要梳理一下环境信仰是如何随着时代的发展而产生和变革的，将会对我们大有裨益。

假设有一座火电厂，到处都是喷着黑烟的烟囱，就建在离你家不远的地方。想一想，你对它的印象是什么？你觉得它好吗？美吗？也许既不好，也不美。也可能恰恰相反，答案是既好又美。但是，在20世纪40年代末的美国，那个冒着黑烟的火电厂标志着战后的繁荣，看起来是一件非常好的事，也许还是一道美丽的风景。火电厂本身一如其旧，没有一点变化，但是仅仅在一代人的时间里，就令人惊讶地在人们的眼里从貌美变成了丑陋。

这是怎么发生的呢？从很多不同的方面，我们都能强烈地感受到我们的某些行为造成的影响。比如，1952年的“伦敦大雾霾”在一周内就造成了12000多名市民因为烟雾引起的呼吸窒息而死亡，让人清楚地看到了无限制燃烧化石燃料所带来的可怕危险（这个事件促成英国在1956年颁布《清洁空气法》，成为清洁空气立法的里程碑）。

当然，不是所有的影响都这么直接。蕾切尔·卡森（Rachel Carson）的《寂静的春天》是“伦敦大雾霾”发生10年后出版的，书里没怎么谈化石燃料和城市空气污染，尽管如此，由于这部书让数百万人认识到将大量有毒物质释放到环境中所带来的危险，所以也改变了我们对火电厂的态度。由于卡森的《寂静的春天》影响深远，所以你甚至不需要阅读就能知道其基本的环境观点，因为各路媒体都进行了讨论，就像是大众无处不在的街巷闲谈一样。有时，虽然不着一字，不说一词，但里面的思想和信仰甚至可以更润物细无声地传播。比如，经过火电厂大烟囱的时候，孩子会注意到其父母皱眉蹙额或发出失望的叹息。对孩子什么都不用说，也不用解释，他们就能清楚无误地了解父母的态度，那是个坏事情，是个丑陋的事情。孩子们下次经过那些大烟囱的时候，也会皱眉蹙额，掩鼻而过。

作为主要研究环境的文化历史学者，我希望弄清楚这样的思想和态度是如何随着时代的变迁而在不同文化中孕育、传播、变化以及消失的。几千年来,人类一直在创作文学作品、艺术作品和其他手工艺品,既对当时的环境状况提供了非常精彩的记录,也对人们之于环境的态度提供了忠实的记录。像《寂静的春天》这样里程碑式的、产生了巨大影响的著作,不仅让人们怀有特别的兴趣,而且也非常重要,因为它们既揭示了人们对待环境的态度,同时还改变了人们的信仰,甚至孕育催生了全新的思想。

现在回到本章开头的那个问题,即认为人类曾经与我们的地球有过某种和谐关系,但是不知怎的,在某个时候丧失了。对此,我们为什么要相信?就像火电厂给我们的印象一样,相当一批著作时而微妙、时而强烈地影响我们形成了那样的认识。不过,与当代社会人们对火电厂先赞美后抨击的态度不同,几千年来汗牛充栋的文学作品持续不断地向人们强化着人类和自然曾经和谐共存这一特别的思想。

在西方最早的文学、将近5000年前的苏美尔人作品中,就已经有这种天人合一的思想了。《旧约全书》《新约全书》以及后来的《古兰经》,也都反映了这一思想。到了古希腊时期,在荷马同时代的诗人赫西俄德(Hesiod)笔下,这一思想被当成了历史事实。又过了几百年,随着希腊的衰落,诗人忒奥克里托斯(Theocritus)受这一思想启发,创造了一种新的文学形式——田园诗(2200多年后依然很流行)。显而易见,奥维德(Ovid)和维吉尔(Virgil)等罗马诗人对此也很熟悉,尤其是维吉尔,他进一步普及和完善了忒奥克里托斯所开创的艺术形式。在整个中世纪和文艺复兴时期的欧洲,这一思想广泛传播开来,蔚为大观。在阿奎那(Aquinas)、奥古斯丁(Augustine)、加尔文(Calvin)、路德(Luther)等数不胜数的神学家著作和大量的哲学论述中,我们可以看到对这一思想详细、繁复的讨论。在文学中,这一思想成为但丁(Dante)、弥尔顿、华兹华斯的作品以及数以万计的诗歌、戏剧和小说的主题。米开朗琪罗(Michelangelo)、鲁本斯(Rubens)、克拉纳赫(Cranach)、布莱克

(Blake)、卢梭(Rousseau)等艺术家通过画笔,从视觉上来描绘这一思想,而莫扎特(Mozart)、贝多芬(Beethoven)、柴可夫斯基(Tchaikovsky)、瓦格纳(Wagner)和科普兰(Copland)则是通过音符从听觉上来谱写这一思想。

为了避免你认为这一思想微不足道,已成为远古的回响,我得向你保证,它今天依然存在,而且活跃于从温德尔·拜瑞(Wendell Berry)的诗作到迪士尼电影《风中奇缘》(*Pocahontas*)等一大批作品中。从我们对环境关注的角度看,需要指出的是,这一思想孕育产生了《寂静的春天》和纪录片《难以忽视的真相》(*An Inconvenient Truth*)这样的作品,不仅如此,它还是"深层生态"(Deep Ecology)等环境运动的核心信仰。

这一思想有着如此深远的影响,所以它在文化塑造方面表现出巨大力量。在欧洲对美洲的殖民中,在美国跨越北美大陆的扩展中,在20世纪40—50年代兴起的战后郊区蔓延中,在20世纪60—70年代的回归田园运动中,在20世纪90年代美国回归小城镇的大潮中,它都发挥了一定作用。它甚至还通过《原始人饮食法》(*The Paleo Diet*)和《杂食者的困境》(*The Omnivore's Dilemma*)等著作来影响我们的饮食习惯。

当然,我还要谈谈伊甸园。正如我们所粗略回顾的那样,地球曾经是天堂乐园的观念一直根深蒂固地存在于西方的思想中。除了《圣经》中对伊甸园的记述,在希腊文学中,这种观念还出现在赫西俄德关于丧失的黄金种族之间以及黄金种族与地球曾经和平相处的乡愁故事中(在奥维德和维吉尔笔下被称作更为人熟知的"黄金时代")。这些叙述的核心就是相信人类曾经在完美的天堂里过着完美的生活,慈善的大地母亲可以满足他们所有的需要。"田园诗"是忒奥克里托斯正式开创的一种艺术形式,对田园生活的颂扬既建立在人与自然和谐这一思想上,又提升强化了这个思想。它昭示人们,这样美妙的生活仍然存在,尽管只是在现代文明社会的乡村地区。伊甸园、黄金时代和想象中的牧歌田园有着非常相似的含义，所以学者就用一个拉丁词语来表示这 3 个词，那就是“乐园”(locus amoenus)。

作为西方伟大的古代神话之一，失乐园的故事在我们整个有文字记录的历史(甚至以前)中被反复地讲述和改编。苏美尔人、希腊人、罗马人和犹太教、基督教、伊斯兰教认为，地球在大多数时间里曾经是一个令人惬意的、欢快的天堂，这个天堂为人类提供友善、丰饶的家园。这一观念在历史上被看作是正确的。由于《圣经》和《古兰经》中相关文字记述的传播，至今大概有几十亿人仍然相信关于伊甸园的传说。2012 年，盖洛普民意调查显示，大约一半的美国人相信《圣经》中对伊甸园的记述在历史上确有其事。[①] 就我们的目的来说，重要的一点并不是《圣经》中的伊甸园是否曾经存在过。

从环境的角度看，重要的是失乐园这个故事留下的遗产。这个故事在西方文化中是如此的妇孺皆知，以至于如果我们不相信人类曾经与地球和谐相处，那几乎是不可能的。想象一下，我们每

---

① 人们倾向于认为，失乐园的故事是一个不只有吸引力，有时还有点好笑的神话。但在今天的美国，相信《圣经》中伊甸园存在的人依然有很多。2012 年，盖洛普就“人类的起源和发展”问题进行了一次民意调查，结果显示，47% 的美国人认可下面的说法：“上帝在大约一万年前创造了人，当时人的样子和现在差不多。”关于伊甸园，一万年这个数字是特别重要的，多数研究《圣经》的学者认为，在上帝造人之后不久，伊甸园就失去了，这是在大约 6000 年前。因此，尽管盖洛普没有特别就伊甸园进行调查，但是，由于上帝造人一说深深地植根于伊甸园神话的文本之中，而且在《创世纪》中得到了进一步的叙说，所以《圣经》中伊甸园的形象就明显地印在了很多美国人的信仰里，特别是盖洛普 2005 年的一次相关民意调查显示，如果给出选择项，53% 的美国人会认为，“上帝正是按照《圣经》所描述的那样创造了人”。

需要特别指出的是，虽然相信伊甸园对于那些信奉正统派基督教的人和理解《创世纪》来说极为重要，但毫无疑问，它也是所有犹太教、基督教和伊斯兰教教徒的信条。最迟从 17 世纪开始，面临宇宙不再以地球为中心的现实，很多思想家尽管发现《圣经》中的记述有不一致和令人怀疑的地方，但依然想方设法去圆这个说法，以保持他们的信仰。随着现代性的兴起及其对创世纪的挑战(比如进化论)，这一做法发生了变化，神学家开始进一步详细阐释《圣经》的教义。比如，从 20 世纪 50 年代起，历代天主教教皇大都认可进化论思想。

对于那么多相信《圣经》伊甸园故事的美国人来说，我们本章开头提出的问题有一个很直接的答案：从环境角度看，早在大约 6000 年前，一切的一切就开始错了，由于人类的不顺从，上帝施行了惩罚，告诉亚当：“由于你的缘故，大地要承受诅咒。”由于被逐出了伊甸园，人类不再拥有一个慷慨施予的地球。恰恰相反，我们将被迫努力从大地上获取我们所需要的东西，而大地上生长的只有“荆棘和蒺藜”。这还不算，由于人类始祖犯下了罪孽，不仅是人类，连地球上所有的生命，甚至包括地球本身，现在都陷落了。耶稣基督为人类提供了一个离开地球进入天堂的途径(这常常被想象为一个新的、更好的伊甸园)，但是，尽管人类通过耶稣基督得到了救赎，地球及其所有的动植物仍然处于难以挽回的衰败之中。因此，根据这种观点，我们所居住星球的环境“临界点”早在 6000 年前就已经出现了。

年都发表数十部有影响的著作，每一部都坚定相信，从前有一个伊甸园般的地方。就这样持续了数百年，这种传统做法既通过强有力的方式，也通过细无声的方式（就像那个孩子现在走过火电厂会发出不满意的叹息一样），一代接一代地强化着对伊甸园故事的信仰。由此造成的结果是，现在数百万美国人可能没有宗教信仰，却相信历史上曾经有个时期人类与地球和谐共处。换句话说，相信有个伊甸园一般的过去。《风中奇缘》《与狼共舞》（*Dances with Wolves*）以及《寂静的春天》等作品传播着这个神话，让人们相信，在美国乡村的某个地方，也许是几百年前，也许仅几十年前，人类和地球之间曾经存在着某种和谐亲密的关系。

但是，等一等。即使我们现在不相信人类有一个完美的、伊甸园般的过去，难道我们不能相信从前人与地球之间有一个比现在更好的关系吗？也许是，但我们需要暂时停下来，简要地想一想历史记录所告诉我们的关于人类的状况。在过去几个世纪里，由于一大批科学家、历史学家和其他学者的努力，我们对我们的星球和人类这个物种的过去有了很多了解，在脑海中形成了一个清晰的画面。只是，这幅画面显示，我们从来没有与自然和谐相处过。

从史前时期到古希腊，甚至到 18 世纪的欧洲，人的平均寿命大约是 30 岁。假定你度过了婴儿期，这就已经很不容易了，前面还有那么多可怕的疾病和危险在等着你，比如天花、伤寒、麻风病、旋毛虫病、雅司病、绦虫病等。由饥饿、寒冷、意外、奴役、感染等造成的死亡，是很常见的。死亡很容易发生，甚至是小小的蛀牙都会引发。更为可怕的是，人还很有可能暴死于同类之手。

在我们人类演化的道路上，动物也在我们手中遭受了无情的暴力。更新世晚期（也就是冰河期），发生了物种灭绝事件，数以千计的动物物种灭绝了，而我们现代人类正是在这个时期登上了历史舞台。比如，4 万多年以前，我们人类第一次踏入澳大利亚，那里有大型哺乳动物 16 属，其中 15 属很快就消失了（在生物分类中，每个属可以包括数百个种)。此后,这种现象又在亚洲和欧洲重演,再之后在北美洲和南美洲发生。气候变化、疾病和其他因素无疑也在这些物种灭绝事件中发挥了作用,但是很明显,人类早期的猎杀是其中的主要因素。《与狼共舞》这部电影以及其他数十部类似主题的作品让我们倾向于认为,人类与动物之间过着可持续的和平生活,特别是在北美,人类与美洲野牛友好相处。但是,在哥伦布到达美洲以前,那儿的人们已经消灭了 75% 的大型哺乳动物。北美野牛之所以成功地生存下来,部分原因是美洲土著人为了获取资源,把野牛的竞争者给灭绝了。

不仅是动物,植物和风景也因为人类的出现而受到严重影响。大规模的森林砍伐是西方第一部伟大的文学作品《吉尔伽美什史诗》(*The Epic of Gilgamesh*)中的重要主题,也伴随着人类走出北非,走进欧洲、美洲以及地球的其他地方。此前很久,早在新石器时代(开始于大约公元前 10000 年),人类在大量的活动中使用火,包括狩猎、重整林地以及开发早期的刀耕火种农业。这不仅影响了植物,还导致了环境的巨大改变。在北美,古人用火将森林改变为草地,从而促进在美洲大陆中心创建和扩大浩瀚广袤的牧场。美洲土著人的这种森林破坏和地貌改变非常普遍,以至于欧洲人 500 年前到达北美的时候,当时很多地方的森林还没有现在多。

历史记载清楚地表明,人类自诞生以来,既没有与我们的地球和平生活过,也没有与植物、动物甚至是我们自己和谐共处过。不论是 50 万年前,还是 5 万年前,由于遭遇各种各样的疾病和威胁,人类的寿命很短,这样的生活远远谈不上愉悦。如果你对这个话题感兴趣,可参阅史蒂芬·平克(Steven Pinker)的《当下的启蒙:为理性、科学、人文主义和进步辩护》(*Enlightenment Now: The Case for Reason, Science, Humanism, and Progress*),他在书中对此进行了详细的探讨。比如,人类的生活在很多方面都变得越来越好,特别是在最近几百年里。尽管不无缺点,平克的著作启发我们对流传到我们时代的历史进行重新评价。

那么,为什么有那么多人相信我们曾经与地球和平相处过呢?原因之一是我们只在最近才对过去有了准确的认识。比如,只是在过去的几十年里,学者们才比较详细地了解到美洲土著人对环境改变的程度。同样,我们对地质时代在现代意义上的理解,也是从18世纪才开始。在那以前,我们对过去的想象主要来自故事、神话以及猜测(常常是错误的猜测),很明显,古代的思想家对历史没有进行很好的梳理。由此,他们就根本不可能知道人类早期的真实生活到底是什么样子。①

在现代学者的最新发现之前,西方最流行的认识是:人类曾经与地球有着和谐的关系,这可以追溯到西方文明的初始时期。很明显,前面提到过的那些认为伊甸园已经存在数千年的众多著述

---

① 需要特别指出的是,伊甸园思维有某种与众不同的地方,它在时间上回溯到一个固定的点,即创世纪的那一刻。自达尔文(甚至达尔文之前)以来,我们已经知道,地球上的生命是不断变化和演进的。事实上,这种持续不断的变化可以追溯到从生命出现在我们的星球之前,甚至是地球形成之前,一直到130亿年前宇宙因大爆炸而诞生的时候。宇宙大爆炸引发了一连串的事件,从而导致了万物的生长,所有的地方都一直处于变动孕育的状态。生命、地球和宇宙一直处于持续不断的演进状态,尽管这一观点现在是进化生物学、宇宙学以及其他科学的基石,但过去并不一直是基石,即便在20世纪也是如此。

爱因斯坦的相对论最初认为,宇宙自诞生之日起就是静态不变的。事实上,爱因斯坦不得不在他的质能方程式中引入宇宙学常数这一术语,从而使他创立的静态宇宙思想能够符合相对论的观点。20世纪20年代末,天文学家爱德文·哈勃用观测证据证明宇宙实际上一直在膨胀并处于动态变化之中,因此,爱因斯坦就放弃了他的静态宇宙模型,并称之为"其一生中最大的错误"。

同样,只是在18世纪末,地质学家才开始认为,现今正在起作用的改变地壳形态的力量,也同样以基本相同的强度和方式作用于地质历史的整个时期。这一观点被称为均变论,该观点1830年在查尔斯·莱尔的成果推动下被人们普遍接受。查尔斯·莱尔提出,地球至少有3亿年的历史。不过,直到20世纪60年代板块构造理论发展以后,地球的这些改变才得到合理的解释。

虽然也许有点让人想不通,但是直到最近,即便是科学家,都一直相信有关神创论的思想(认为地球及其所有的生命,甚至是宇宙自身,自从诞生之日起就一直处在相对静态的状态,而且现在依然如此)。

不过,现在,科学已经给我们描绘了这样一个画面:人类的过去是不断演化的。由于地球及地球上的生命(包括我们人类大家族中的每一个人)一直在持续不断地转型和演变着,所以认为人类曾经与地球及其他生物和平相处,并希望回到从前某个固定的、静态的时间原点,是根本不可能的。尽管时间原点对于《圣经》中的神创论来说是核心准则,但现代科学一点都不认可。

不仅回到历史上从前某个固定的、伊甸园式的时间点是不可能的,而且回到某个特定的地方也是很有问题的。在《圣经》的创世纪故事里,首先被上帝创造的人生活在一个地方,那就是伊甸园,伊甸园常常被推测为在南美索不达米亚的某个地方(虽然基督教的某些其他分支比如摩门教,会把伊甸园想象为另外的地方,比如美国密苏里州的杰克逊县)。但是,历史记载显示,早期的人类第一次离开非洲是在10万多年以前(也可能更晚一点,关于精确的时间,现在有着激烈的争论),然后才向全球扩散。关于人类的过去,如果我们既认可宗教伊甸园式的思想,又接受现代科学的发现,那么,人类到底是在地球的哪个地方过着和谐的生活呢?在非洲吗?在亚洲吗?在欧洲吗?抑或在美洲的某个地方?不仅仅是确定我们什么时候有过伊甸园般的生活这个事很难,而且要弄明白我们在哪个地方有过那样的生活,也很困难。

在这一认识上发挥了重要作用。另外,希腊诗人忒奥克里托斯引进的田园传统给伊甸园增加了现实元素,也很大程度上增强了这一认识的可信度和影响力。

既然笃信伊甸园和黄金时代存在于遥远的过去,忒奥克里托斯就认为在某个乡村地区,具体来说,就是他想象的居住着牧羊人和他们羊群的田园(这就是为什么此类著作通常有着“田园”的绰号),人类依然与地球和平相处着,而地球则仁慈地为人类提供一切所需的东西。忒奥克里托斯的田园诗是在古代最伟大的城市之一亚历山大城创作的,他的青年时代是在西西里(Sicily)乡村度过的,其诗作的田园描写可能受到他思乡怀旧的触发。忒奥克里托斯宣称,天堂依然存在,但是只存在于远离文明侵蚀的地方,而在彼时的城市和君主的宫廷里,文明的侵蚀已非常严重。所以,与伊甸园和黄金时代不同的是,田园艺术的“乐园”是从空间角度而不是从时间角度想象的;它不是存在于另一个时代(像伊甸园一样,存在于遥远的过去),而是存在于另一个地方(某个遥远的乡村)。如果你能逃离城市,从城市文明的侵蚀中将自己解放出来,那么,根据忒奥克里托斯的说法,你有可能回到伊甸园,或者至少可以回到古希腊版本的伊甸园。

忒奥克里托斯和维吉尔两人一起促进了田园艺术的极大流行,尽管他俩早于基督教时代,但是田园艺术和伊甸园的描绘很快融为一体。几百年来,几十位基督教作家和艺术家在忒奥克里托斯、维吉尔和其他人的影响下,描绘了具有田园特色的“乐园”,与伊甸园有着极大的相似性。同时,他们也给伊甸园增加了新的特色,这是从田园诗的浓郁传统中借鉴过来的。比如,伊甸园的天气永远都是春天一般,很多中世纪与文艺复兴时期的基督教绘画和文学作品中都有这样的描绘,但是创世纪中没有这样的记述,所以伊甸园里永远都是春天这一理念是从田园诗传统中沿袭而来的。

因此,田园诗给伊甸园神话增添了尘世的氛围。只要人类在地球上的哪怕一个角落，仍然与自然和平共处，那么伊甸园的理想似乎也不那么遥不可及。从另一个角度看，如果《圣经》中的伊甸园确曾存在过，那么，地球上的某个地方也许真有可能居住着一些人，他们在那里过着一种近似田园的、伊甸园般的生活。

不过，相信在地球的某个地方依然存在着天堂，遭到了人们的质疑，即便在古代也是如此，也许这一点都不令人奇怪。贺拉斯是维吉尔同时代的诗人，他在其第二首《长短句》中认为这样的想法实际上是对乡村生活的理想化，是因为厌倦了城市。（我们对贺拉斯的生平有所了解，该观点听起来就像是忒奥克里托斯在他生活的城市亚历山大的现身说法，怀念其西西里的乡村景色。也许这种联系不是巧合。）

莎士比亚在《冬天的故事》（*The Winter's Tale*）中进一步批评了田园诗，让读者注意到这种艺术形式的一个显著特色，也就是说，对诸如伊甸园和黄金时代等乡村乐园的描述，都随着时间的流逝而消逝了。但是，就此事而言，几十年前，对完美田园生活的描绘还经常出现在人们的想象之中，所谓田园形象的消逝，只是最近才发生的。莎士比亚深邃的心理洞察是通过剧中人物波利克塞尼斯国王（King Polixenes）表达出来的，不无巧合的是，这与观察者童年时代的生活经历，是相对应的。

这种质疑在莎士比亚之后两个世纪的弗里德里希·席勒（Friedrich Schiller）那里得到更全面的理论化提升，有助于我们更好地理解田园诗是怎样由忒奥克里托斯创立的。如前所述，忒奥克里托斯很可能受到回忆幼年时期在西西里岛农村快乐生活的影响。田园不仅提供了一个回归伊甸园的梦想，而且常常让我们回到自己的童年时代。在我们的记忆中，那段童年时光有时就像伊甸园的生活那样美好。我出生长大的那个农场与忒奥克里托斯的农场很相像，我的年龄也不比莎士比亚笔下的波利克塞尼斯国王大多少，即便我本人也不得不承认，有时回忆起儿童时代生活过的家庭农场,就感觉那完全是一个欢快的田园乐土。但是,哪怕我稍一沉思,如果我回忆的是我真实的童年时代,而不是想象中的童年时代,那个欢快的田园乐土形象马上就在阳光下消散了。

顺便说一句,罗纳德·里根(Ronald Reagan)和唐纳德·特朗普(Donald Trump)参加总统竞选的口号都是"让美国再次伟大"(里根在前面加了个"我们"),这反映了一种田园怀旧的传统。两位总统候选人都在向他们同时代的人(即年龄大的投票人)示好,因为那些年龄大的投票人对过去更怀念,比对当下有更多的情感认同。这个竞选口号就是要将时间的指针重新拨回到从前的那些有着美好回忆的年代。下面我们将会看到,把过去当作未来的样板,是一个不怎么靠谱的做法。

贺拉斯、席勒等人通过对田园诗的批评,提出了自己的看法,认为最先由忒奥克里托斯开始,这种艺术形式所提供的对乡村生活的肆意浪漫化,主要是基于:一、世界的过于现代化以及过快地满足我们的声色犬马所带来的焦虑,二、对城市生活的不满意(田园诗几乎总是由城市居民创作的,极少是由农村居民写就的,虽然也有像约翰·克莱尔这样出身于农民而创作田园诗的诗人)。

伊甸园毕竟是世界最有影响的三大宗教(犹太教、基督教和伊斯兰教)所创立的神话。尽管田园诗没有伊甸园那么有影响,但仍然成为西方最流行的文学形式之一。几百年来,数千位中世纪和文艺复兴时期的作家、艺术家把维吉尔奉为楷模,尝试创作田园诗和具有田园风光的绘画等作品。总的来说,每一位作家、艺术家都鼓励我们想象一个乡村的、最近丧失的、伊甸园般的场景。不言而喻,就有很多关于田园艺术的著作面世(我得承认,自己也写了一本)。到了20世纪,这种趋势远未消退,一大批环境保护主义者很聪明地利用了田园艺术作品的影响及其核心特色。

让我们看看《寂静的春天》的开头吧:"从前,在美国中部有一个城镇,这里的一切生物看起来与周围的环境十分和谐……"这是什么时候？是在哪里？卡森在这里很谨慎地利用着田园和伊甸园的传统，暗示那里是美国的乡村，就在二三十年之前。同样，电影版的《难以忽视的真相》一开始的画面就是一条原始状态的河流，画面配的是阿尔·戈尔的声音："你看看那河水，缓缓地流过。你瞧瞧那树叶，在风中簌簌作响。你听听那鸟鸣和树蛙的叫声……一片祥和。"卡森和戈尔都在利用伊甸园、黄金时代以及牧歌田园所综合形成的传统。他们这样做，是很聪明的，因为他们想让人们关注他们所描述的完美乐园的丧失问题。他们刚给我们呈现出一个让人安宁、给人慰藉的伊甸园般的画面，马上就撤回去了。卡森在这方面一点都不浪费笔墨，因为她在第三段就告诉我们："一种令万物凋萎的疫病在这个地区蔓延开来，一切都开始改变。一些邪恶的符咒降临到整个社区。"就像《圣经》中关于伊甸园的叙述那样，没过多长时间，恶魔进入了天堂。

卡森利用了我们对伊甸园故事的深信不疑。由于田园牧歌的传统，我们常常想当然地认为伊甸园式的乐园几十年前在某些乡村地区还存在着。卡森接着就给我们呈现了一幅她描绘的完美乐园的毁灭画面。其结果是，在小说第一章（只有3页）结束的时候，她虽然一个问题都没说，但已经很笃定地让本章开头提出的那几个问题呼之欲出了：从环境的角度，这一切是从何时开始出错的？到底是哪里出错了？为什么会出错？谁应该负责任？到《寂静的春天》结尾的时候，卡森不仅给我们提供了答案，还让我们看到了希望，那就是，要控制我们释放的那个恶魔，还是有机会的。《寂静的春天》出版10年后，DDT农药（有机氯类杀虫剂）在美国就被禁止使用了。

我之所以反复提到《寂静的春天》，是因为在我看来，这是20世纪具有里程碑意义的作品之一。就像20世纪初改变世界认知的最伟大理论之一狭义相对论一样，卡森的思想促进了一种范式变革，其影响已经远远超出她最初的构想。她一开始的想法是揭露滥用杀虫剂造成的巨大损失。需要指出的是，她极其精明地把那些杀虫剂重新命名为“生物杀灭剂”，目的是让社会了解这样的事实：那些杀虫剂不只是杀灭我们所说的“害虫”，还杀灭所有的植物和动物。这不仅让我们重新思考生物杀灭剂的使用问题，还使得我们重新思考大规模的化石燃料燃烧等其他的环境行为问题。当然，其他作品也发挥了应有的作用，但是都没有《寂静的春天》影响这么大。就我们眼下所论述的主题而言，需要特别指出的是，卡森依然非常聪明地利用了我们所继承的对伊甸园故事的笃信。

在对环境恶化进行干预的 50 年甚至更长时间里，卡森的这种策略被阿尔·戈尔和迈克尔·波伦（Michael Pollan）等数千名环境保护主义者所采用。他们知道我们本章开头提出的那些问题也一定会被他们的读者问到，所以每人在回答时都令人信服地论及他们所关心的特定环境问题。这一切从什么时候开始出错的？卡森的回答是：战后生物杀灭剂的大面积使用，那些杀灭剂是二战期间研制的化学武器。戈尔的回答是：查看一下曲棍球棒曲线（hockey stick graph）的底端，你会发现是大约 200 年前，那个时候化石燃料的使用开始猛增。波伦的回答是：从工业化农业的发展和家庭农场的丧失开始的。一旦回答了我们的第一个问题，每一位作者就会很自然地解答哪里出错了、为什么会出错了以及谁应该负责任的问题，然后再解决我们如何让时光倒流、避免曾经做过的什么事等更大的问题，比如禁止使用 DDT 农药、减少温室气体排放、优先消费本地传家宝产品和有机食物等。

所以，伊甸园、黄金时代和田园牧歌这 3 个传统融合起来所留下的遗产，可以帮助我们提高全社会的环境意识，并实现积极的变革。对于卡森、戈尔、波伦等矢志不移的环境保护主义者，我怀有极大的尊敬，也想以积极的态度来审视我们的伊甸园思想。如果从前某个时代的至少某个特定问题在某些方面比现在好，那么回溯过去往往是有用的。这种做法利用了我们对伊甸园故事的信仰，有着相当大的语言上的冲击力，正如卡森所证实的，当然能带来积极的、广泛的变革，但是，从环境的角度看，对伊甸园故事的信仰也能造成令人忧心的结果。

存在的问题是，伊甸园横亘在我们和未来之间。截至目前，由于伊甸园思想认为从前存在着天人合一的和谐关系，所以就鼓励我们回到过去，重新找回那个伊甸园。很明显，这种思想是引导人们回到过去，而不是走向未来。250 多年前，法国哲学家让-雅克·卢梭就大声疾呼地表达过这个观点，使用的词语就是人们现在所熟知的“retour à la nature”，常常被理解成“返回自然”（back to nature），尽管从字面上应该翻译成“回归自然”（return to nature）。实际上，这多多少少已经成为一种指令，敦促我们“回归伊甸园”。由于伊甸园传统促进我们展望一个比现在更有吸引力的过去，而且，在田园诗的影响下，这样的过去常常被想象成仅仅几十年前还在农村地区存在的乐园，所以，过去的东西就被当成未来的范例，认为是可以得到的。遗憾的是，这种做法注定会失败。我们不仅永远回不到伊甸园，而且把未来重置到过去更是充满危险的。

让我们首先看一个熟悉的、常见的例子，那就是传家宝式的传统水果和蔬菜。近年来，传家宝果蔬不仅成为当地农贸市场的主打产品，而且也出现在连锁超市里。这是因为消费者已经清醒地意识到，多种多样的商业化栽培品种往往是食品产业培育出来的，有着让人怀疑的品质。比如，商业化栽培的西红柿有着让人喜欢的形状、大小和颜色，储存的时间长，外皮厚实不易破，这样的西红柿对营销商可能是美梦成真，但往往在其他方面差点劲儿，比如味道和营养会打折扣。传家宝品种此时之所以展现出吸引力，是因为它们问世的时候，工业化农业还没有开始。工业化农业主要是为了盈利，对水果和蔬菜进行了大规模的基因杂交。

在本书撰写的时候，传家宝蔬菜的精确定义仍然在争论之中。有些专家提出，蔬菜的栽培品种至少要有 50 年的历史，才能称为传家宝品种。也有些专家担心，这么短的时间规定可能会把早期的杂交品种纳入进来，所以建议把时间再往前推，比如 100 年前的；或者是一个固定的时间，通常是 1945 年，那个时间大致与大规模引进工业杂交品种相吻合。

杂交是指两个不同植物品种之间的第一代杂交，它引起我们争论的原因不一而足，但主要的原因是杂交品种不能忠实地继承父代的特质，迈克尔·波伦和其他学者已经十分清楚地证明了这一点。如果种植杂交后的种子，长出来的植物可能会让你失望。这与两个动物物种之间的杂交没有不同之处，比如一匹马和一头驴杂交，生出来的后代是一个骡子。但是，与骡子不一样的是，杂交植物还可以再繁殖（继续育种），不过，由于杂交的后代基因不稳定，就很可能继承不了父代亲本的优秀品质。

相对来说，传统的“自由授粉”植物，也就是不需要人工干预而授粉繁殖的植物，能够用来制备可用的种子，持续地遗传作物的特性。但是，与自由授粉的物种不同，杂交作物的种子是不能用来制备新种子的，种植杂交作物的农夫每年必须购买新的种子。所以，正如波伦所指出的，生产杂交种子的公司拥有“生物育种的专利，农夫每年春天都要买种子，他们以前依靠自己的作物保留下一季的种子，现在则要依赖公司了”。波伦的一番话让人听来很难不动容，他的话体现了诸如梭罗等美国环境保护主义者的精神。150 年前，梭罗在他的《瓦尔登湖》中就有过类似的抨击。他说，服装工业的“目标并不是为了让人们穿得更好看，显得更真诚，而是公司要挣钱，这是毫无疑问的”。

如果杂交作物是问题所在，为什么要把蔬菜物种的年龄，不管是 50 年还是 100 年，作为界定传家宝物种的要素呢？为什么一定要把问题框定在杂交品种和传家宝品种之间，而不是杂交作物和自由授粉植物之间呢？

深知如何利用伊甸园这个富有魅力的神话的人，不只有卡森和波伦等环境保护主义者。正如波伦在《杂食者的困境》中所阐明的,一种新的文学形式在最近几十年出现了,波伦称之为“超市田园诗”。为了售卖价格更高的产品,超市首先推销那个伊甸园般的田园式生活梦想,在那样的生活里,人们与地球亲密和谐,和平共处。波伦指出,如果你去任何一家全食超市(Whole Foods Market),你都会看到数百个标签和指示牌,要么以文字,要么以图画,给你描述作为和谐的乡村田园生活一部分的产品。零售商在这么宣传的时候,往往借助卡森和波伦等环境保护运动主义者的著作,因为他们所主张的是:我们人类通过向农田喷洒生物杀灭剂以及种植杂交蔬菜等,对环境造成了极大的危害。

从定义上看,传家宝品种是在环境出问题之前被精心选择传承到我们手里的活生生的宝贝。这么说吧,所谓宝贝,也是想象出来以及推销出来的。这些传家宝品种可以保证让我们吃到环境崩坏之前的水果。同样,有机蔬菜可以让我们回到生物杀灭剂之前的时代。由于经过融合而成的田园和伊甸园传统依然存在,而且在我们的文化中还发挥着作用,所以这些传家宝水果与蔬菜很容易被认可和销售。比较起来,杂交蔬菜和自然授粉蔬菜之间的区别就有点复杂,让人迷惑。另外,还有一部分原因是,打着田园招牌的超市非常喜欢那种有着伊甸园风格、很有市场的“传家宝”品种。所以,在公众的想象里,传家宝品种就代替了“自由授粉”植物,站在了工业杂交品种的对立面。

如果我们发现了传家宝水果与蔬菜的魅力和吸引力,并愿意给提供这些产品的食品商付钱,那会带来什么危害呢?

在过去50年里,不论是大规模的种植商,还是小规模的种植商,都通过自由授粉的方式,生产了相当数量的新水果和新蔬菜。这里没有什么新奇之处,因为植物品种在过去就是这么演进的,早在杂交种植技术出现以前,传家宝品种就已经问世了。举例来说,“黑克里米亚”(Black Krim)是一种传家宝西红柿,很受欢迎,呈泛绿的紫红色，它的出现要归功于200多年前克里米亚半岛上的先祖，那个先祖繁衍了50多种俄罗斯黑西红柿。在你家当地的农贸市场上，传家宝“黑克里米亚”只不过是这种神奇而又美味的西红柿家族中的一员。从这个案例可以看出，如果一个品种的性状几十年前就已经锁定了，那么就确立了它的传家宝地位。

但是，在后来的岁月里，全世界孜孜以求的园丁和种植者通过传统的自由授粉方式，一直在进一步改良俄罗斯黑西红柿，从而培育出全新的品种。为什么对一个经典品种进行改良？其原因和最初孕育那50个品种是一样的，就是让西红柿更好吃、更多汁、更鲜美，等等。现在，我们的全球气候正在变化，品种改良工作变得更加急迫，也更加重要，因为这些西红柿要适应未来的情况，要更耐旱、更耐热、更抗病。虽然种植者通过挑选保存性状最好、最有生命力的种子从而在某方面改善了传家宝“黑克里米亚”，但根据前面介绍的传家宝定义，任何新培育的品种都不能称为传家宝品种了。

于是，虽然传家宝品种已经是个大产业，但我们现在面临的一个风险是在很大程度上不再让一代种植者培育新的、更好的蔬菜品种了，尽管良种改良已经有千年的历史。对所有的生命来说，未来属于新的一代，而不是上一代。这就是进化的道理。每一个成功的新一代都是从过去走来的，并向未来前进了一步（哪怕是一小步）。不过，伊甸园往昔的神话站在了传家宝“黑克里米亚”及其未来的中间，不允许其后裔（从“黑克里米亚”培育而来的最新品种）超越它。这些后代不仅包括培育者研发的品种，还包括没有人工干预的、通过自然演化程序而生发的新分支。由于我们的气候在变化，演化进程正在疯狂推动全球植物改进，从而适应未来环境。但是，它不能推动传家宝品种的改进，岂不奇怪？

这听起来似乎不太可能，但事实是伊甸园不仅在课堂上威胁着进化论的传授，而且现在还以大规模的、令人十分不安的方式，威胁着进化过程本身。

就传家宝蔬菜来说,它们以自己特有的方式,横在我们和未来之间。它们向我们提供了回到环境没出问题之前的时代的梦想,只是,这个梦想虽然极具诱惑力,却没有实现的可能。在这一过程中,它们试图对我们本章开头提出的问题提供很有吸引力的答案,在进入市场的时候给我们解释什么出错了、为什么出错了以及谁应该负责任等问题。让各地果蔬营销商高兴的是,传家宝蔬菜还保证,如果购买它们,就会减少存在的问题。这里面的危险是,一味虔诚地执念于过去,就会妨碍我们对未来的接受。沉溺于过去也会出人意料地让环境付出代价,在传家宝蔬菜这个案例上,就是严重限制了基因的多样性,带来演化进程的停滞。

传家宝水果和蔬菜是伊甸园思想影响的一个普通案例。其实,它的影响还可能是巨大的,因为这个神话对某些环境保护主义者如何想象我们与地球的未来关系产生了影响。听起来可能不可思议,几十年前,竟有一些环境保护主义者出发去寻找伊甸园。

由于对当前的环境状况感到恐惧,由于相信我们在过去某个地方曾经与地球和平相处,所以在20世纪最后的十几年里,这些人就去寻找已失去的伊甸园生活残存的痕迹。他们这样做,不是因为他们是虔诚的基督教徒,而是因为他们是信念坚定的环境保护主义者。麦克思·奥斯切雷格(Max Oelschlaeger)在1993年大胆地提出:"史前人类生活在伊甸园式的土地上。"[①]正是奥斯切雷格等环境保护主义者宣传的世俗版伊甸园神话,才激发了人们对现实伊甸园的寻找。于是,人们更去探寻地球上那些未被现代化浸染的、在想象中依然淳朴的文化,因为在那些文化里似乎还有未曾失去的伊甸园。在美洲,亚马逊雨林中的土著人常常被视为主要的探访对象,而一直延续到几十年前的北美土著文化,也被反复不断地提及。

---

① Max Oelschaeger, *The Idea of Wilderness: From Prehistory to the Age of Ecology*(《荒野思想:从史前到生态时代》), New Haven, CT: Yale University Press, 1993, p. 24.

这种特别的信仰在现代环境运动的初期变得流行开来，部分原因是肯尼迪（Kennedy）和约翰逊（Johnson）政府时期内政部长斯图尔特·乌道尔（Stewart Udall）于1971年写了一篇十分有影响的文章《印第安人：最早的美国人，最早的生态主义者》（“Indians：First Americans，First Ecologists”）。人们认为，这些文化没有犯我们那样的错误，所以为我们提供了一个未来的希望。即便我们并不真的完全清楚在环境问题上我们哪里出错了（实际上出了很多错），这些文化也为我们提供了一个机会，让我们回到过去看看一切还没有出错时的样子。

最显而易见的难题是，我们对哥伦布到达美洲之前的美洲文化的想象，与我们所知道的不同美洲文化之间以及美洲文化与动物、植物和地球之间的真实关系，常常是互相抵牾的。这并不是说，这些文化中没有值得我们学习的东西，当然有。事实上，美洲文化中有很多有价值的东西值得我们学习。但是，我们也需要停下来问一问自己，我们在美洲文化中看到了什么。这是我们本章开头所提问题的答案吗？在我们的环境开始出现问题之前，我们自己认识到了吗？我们真的认为美洲文化能帮助我们回到过去那个我们相信从来不曾丧失的乐园吗？需要指出的是，不言而喻，美洲土著文化覆盖地域辽阔，内涵复杂，具有丰富的多样性，如果不去了解它们的真正价值，而只是把它们看作我们自身过去的投射，那么对它们来说也是极大的不公正。

从前的文化里面有很多可以学习的东西，但是在21世纪，那些东西的用途也很有限，因为到2050年，全球人口将接近100亿。让我们继续以植物为例，并假定我们发现了一个从前的文化，其食物体系真的是可持续的，能长期根据其特定的地域、气候、可利用的资源等，进行调整。且不论我们能从这样的文化中学到什么，单是重新回到过去那个时候，对一个拥有将近100亿人口而且70%的人还住在城市的地球来说，也会是没有任何意义的。是的，我们可以从以前的文化以及历史上其他类似的文化中学习到东西,但是这些经验或教训也仅此而已。我们面临的挑战是,如何将我们知道以及需要学习的知识统一整合到一个可持续的、主要是城市的且高度技术化的未来之中,而这个未来与过去的任何一种文化都没有什么相似之处。

当然,现代农业工业化是一个环境灾难,如果有人想从中撤退并向过去寻求一个更好的办法,也是不难理解的。但是,由于过去从来没有什么可资借鉴的范例来解决我们全球的需求和问题,因而我们需要对农业产业化进行根本的改革,同时还有很多其他方面需要改革。当然,这很不容易,但那就是我们面临的挑战。

相信我们能回归到一种与地球和谐相处的关系中,这一信念有着巨大的吸引力。特别是在环境问题给人带来困扰的时代,这个信念的诱惑力就更加明显。对于我们的问题和困难,那种信念提供了最简单的答案,即回到环境问题和困难出现以前的想象中的简朴时代。渴望获得我们相信曾经拥有但已经失去的与地球之间的伊甸园般的和谐关系,可能看起来没有多大的害处,但是,当我们试图找出谁应该为我们的环境灾难而受到指责时,情况可能会变得让人不安。换句话说,当我们着手说出那个破坏我们曾经伊甸园般的星球的恶魔名字时,就有点不好办了。

1980 年,卡洛琳·麦茜特(Carolyn Merchant)出版了一部影响学者数十年的书——《自然之死》(*The Death of Nature*),该书强烈地将科学技术与我们当下的环境危机联系在一起。麦茜特认为,早在公元 1500 年,多数人包括欧洲人都与自然和谐相处。但是,这种幸福生活很快就被打破了。是谁或者是什么改变了这一切呢?就像阅读“谁是凶手”的故事一样,重大嫌疑犯很快浮出水面,而他也许是历史上最重要的人。被大家称为现代科学之父的弗朗西斯·培根(Francis Bacon),要对自然的死亡负责任。如果表达得更宽泛、更直白些,那就是科学技术杀死了自然。或者更精确地说，自从培根式科学大规模地实施以来，科技一直在慢慢地杀死自然。剩下的唯一问题是：是否还能够让时光倒流并解除现代科技所造成的影响，从而通过回归实现对自然的拯救呢？

麦茜特提出的这个宽泛主题并不新颖。10 年前，林恩·怀特(Lynn White Jr.)在一部比《自然之死》影响还要大的著作中提出，大规模践行“培根关于科学知识就是统治自然的技术力量的信条……可能是农业发明以来人类历史上抑或非人类历史上最大的事件”。[①] 因此，科学和现代技术在我们伊甸园般的生活的丧失中就被牵涉进来了。怀特和麦茜特之后，数十名环境保护领域的专家也以各种各样的方式作出了同样的论述。[②]

不过，就像伊甸园观念一样，这种想法在很多方面都与我们所知道的情况大相径庭，也就是说，科学技术在过去几百年里为改善人类的生活条件做出了很多贡献。我们的寿命几乎增加了两倍，婴儿死亡率下降的幅度更大，很多恶性疾病现在可以很容易、很安全地进行预防，等等。在发达国家(即那些有着发达技术设施的国家)，清洁水源、高效卫生、医疗保健、健康食品以及其他很多的需求对大多数人来说都可以得到满足(尽管令人悲伤的是，不是所有

---

① Lynn White Jr., “The Historical Roots of Our Ecological Crisis”(《我们生态危机的历史根源》), Reprinted in *The Ecocriticism Reader*(《生态批评读本》), Eds. Cheryll Glotfelty and Harold Fromm, Athens: University of Georgia Press, 1996, p.4.

② 怀特和麦茜特两人并不是最早将乐园的丧失归因于技术的思想家。事实上，这一想法在美国已经存在并流传几百年了。在 50 年前的文学批评经典著作《伊甸园里的机器：美国的技术和田园理想》(*The Machine in the Garden: Technology and the Pastoral Ideal in America*, Oxford: Oxford University Press, 1964)中，利奥·马克斯(Leo Marx)注意到，美国文学中的伊甸园和田园风景里出现了对技术反复的、大量的描述。他列举的例子是《伊甸园里的机器》，里面包括可以从瓦尔登森林听到的火车声以及将哈克贝利·费恩和吉姆分开的汽船声。美国文学中充斥着这样的场景，对人有着特别的启发，因为在伊甸园和田园传统的影响下，这样的场景往往不厌其烦地把北美描写成一个田园牧歌式的乐土。(这很可能不经意间影响了尤德尔及其他人对土著美洲人的想象，把他们当作这片伊甸园般家园里淳朴无邪的居民。)但是，在过去的 300 年里，美国文学还受到技术现代性的影响。因此，几百年来，数以百计的美国作家以各种不同的方式讲述着一个田园牧歌般的、伊甸园式的乐土，怎样受到技术侵扰的故事。所谓的技术，指的就是伊甸园里的机器。

正如伊甸园神话以及古希腊罗马田园传统所产生的巨大影响一样，美国的田园牧歌常常把技术现代性描述为威胁天堂的恶魔，这一点深深地渗透到大众的想象之中。如果你要搜寻关于科学技术破坏环境的案例，根本不需要阅读《瓦尔登湖》，因为那已经极大地书写进了美国的想象里。比如，几十年来，冒着滚滚浓烟的发电厂已经成为环境破坏和技术现代性的标签。

人的需求都能得到满足，尽管这往往是社会政治的原因，而不是技术的原因）。如果要讲述现代科学技术如何改善了我们的生活，那么三天三夜都说不完。事实上，如前所述，史蒂芬·平克最近编写了一本很厚的书，介绍了很多科学技术造福人类的例子。

当然，也有人反驳说科学技术的所有这些成就同样带来了相当大的环境代价。不过，在这一点上，如果我们把环境恶化与科学技术联系起来，必须要十分谨慎。且以火电厂造成的城市空气污染为例。正如前面提到过的“伦敦大雾霾”所揭示的，这的确是一个可怕的问题。尤为重要的是，现在我们知道，这不再是一个仅发生在城市和某些其他地方的问题了，因为大气中二氧化碳含量的增加及其带来的气候变化已经给整个地球造成了巨大影响。

然而，这个问题在技术现代性和所谓的工业革命兴起之前就存在了。早在 1952 年“伦敦大雾霾”发生 300 年前，煤烟窒息导致的呼吸道疾病就已经成为当时伦敦致人死亡的头号杀手之一。甚至在 17 世纪 60 年代，被誉为现代统计学和现代流行病学之父的约翰·格朗特（John Graunt）等人就深知这一点。那个时候，培根的实验科学还没有产生影响，我们通常说的技术现代性还没有出现，工业革命也还没有开始。比如，詹姆斯·瓦特（James Watt）发明的蒸汽机直到一个世纪后的 1781 年才问世。

那么，这个污染的根源到底是什么？有两个方面不容忽视，这就是人口和消费，这两个问题今天依然存在。

从大约公元 1500 年开始，也就是莎士比亚达到创作巅峰之前的一个世纪，伦敦城市居民数量开始猛增，原因有很多，主要是大量外乡人的涌入。有人推测，从 1500 年到 1700 年，伦敦人口的数量增长了 10 倍。到了 1800 年，伦敦人口达到 100 万。此前，这种情况在欧洲历史上仅发生过一次，那是在维吉尔时代罗马最辉煌的时期。从环境角度来说，面临的困难是，所有的伦敦居民都需要柴火做饭，需要柴火取暖，这并不令人感到奇怪。当时，英国建筑的趋势是建造越来越大的房子，所以对能源就有更大的需求。木头一开始是伦敦居民主要的燃料，但是到了16世纪中期，伦敦周围的大部分森林就被砍伐殆尽了。伦敦居民别无办法，只能用一种特别的煤。这种煤储量丰富，被伦敦人成功地开采出来，并用驳船沿着海岸运送过来（所以被称为“海运煤”[①]），但是，这种燃料燃烧时排放的有毒气体非常多。

这标志着地球上建立在化石燃料基础上的大规模经济和文化的第一次出现。到莎士比亚进行创作戏剧的时候，英国人在开矿挖煤方面已经具备了娴熟的技术，可以开采很深的矿藏，铺设很长的甬道，甚至能延伸到海洋河口的下面。

这些早期的现代伦敦居民也是地球上最早认识到大规模、无限制地燃烧化石燃料会带来危险的人，他们清楚地知道，煤烟不仅致人死命，杀死动物，甚至还导致某些当地植物的灭绝。他们尽管不了解背后的化学原理，但是知道煤烟会以酸雨的形式再次回到地球上来，因为泰晤士河里的鱼被杀死了。他们虽然知道这一切，但也悲哀地发现，他们别无选择，只能继续做那些他们知道会杀死他们的事情。

当这些原初工业实践在莎士比亚时代的英国出现的时候，我们对化石燃料最开始的爱恨情仇，是与技术没有任何关系的。恰恰相反，煤的燃烧是为了满足人们的基本需求，比如做饭和取暖。由于依赖化石燃料，我们很容易对技术现代性进行指责。不过，正如这种依赖在现代早期的出现所表明的，所谓的指责只能到此为止，因为所有这些化石燃料一直（包括现在）被我们或间接或直接地使用着。与伊丽莎白时期的伦敦人一样，我们依然在家里用化石燃料做饭取暖。我们的汽车也在直接燃烧化石燃料，而且其数量超过了供暖和做饭两项相加的总和。

---

① 关于地球上第一次化石燃料经济的兴起，详见我的 *What Else is Pastoral?*（《真正的牧歌田园是什么》），pp. 95 – 124。

当然,在环境问题上,技术和科学也有难辞其咎的地方,我们还是以《寂静的春天》为例进行说明吧。卡森的观点之所以那么令人信服,是因为她对生物杀灭剂对生物的影响进行了全面、细致、科学的分析。这不足为奇,因为卡森拥有约翰霍普金斯大学动物学硕士学位。在用了16章的篇幅回答我们一开始提出的问题,并以只有训练有素的科学家才具备的精确给我们解释了到底是什么地方出了环境问题以后,卡森引用罗伯特·弗罗斯特(Robert Frost)的一首诗来结束她的最后一章:"现在,我们正站在两条道路的交叉口……我们长期以来一直行走的这条道路让人容易误认为是一条舒适、平坦的超级公路,我们能在上面高速前进。但是,这条路的终点有灾难在等待着。与这条路交叉的另一条路,是一条'少有人走'的路,它为我们提供了可以抵达终点的最后的、唯一的机会,我们的终点就是保住我们的地球。"①

卡森说的"少有人走"的路是指什么?考虑到她曾详细解释过某些实验化学物品(生物杀灭剂)的危险,我们推测她的建议是让我们以某种方式回到科学家开始参与此类事情之前的时代。这样的建议一点都不奇怪,因为有很多很多的环境保护主义者在《寂静的春天》出版以后的几十年里都提过类似的想法,而且常常毫无顾忌地指出,科学在某种程度上导致了我们想象中的伊甸园和乐园的丧失。

与其他人的观点相反,卡森主张科学本身可以帮助我们找到解决问题的答案。出于对直接使用化学物质控制昆虫种群的担心,她提出了"大生物学"(vast field of biology)的设想,将"昆虫学家、病理学家、遗传学家、生理学家、生物化学家、生态学家"集中起来,"将其所有的知识和创新灵感都倾注于创立一门新的科学,那就是生物控制学"。② 她认为,一旦我们搞清楚了要控制的生物(也

---

① Rachel Carson, *Silent Spring*(《寂静的春天》), New York: Mariner Books, 2002, p. 277.

② Rachel Carson, *Silent Spring*(《寂静的春天》), p. 278.

就是“害虫”）的内在机理，就有了打开生物干预大门的可能性，比如给传播疟疾的昆虫施行绝育手术。这要比在自然界中大规模地使用 DDT 好得多，因为 DDT 这种农药会危及很多生物。

尽管《寂寞的春天》一开头就描述了一个牧歌田园的场景，但是卡森并没有寻求回到那个她引导我们想象的欢乐的过去。与她反对有着生物杀灭剂产业的“超级公路”一样，她所赞成的那条“少有人走”的路，也是走向未来的。卡森非常清楚，科学和技术会带来一系列环境问题（毕竟，《寂寞的春天》就是要揭示这一点），但她并不愿意把科学看作是一个必然的恶魔，也就是“自然的杀手”，尽管从某种意义上，科学被看作是生物杀灭剂恰如其分的代名词。同时，卡森也不愿意回到她所记录的环境问题还没有出现的年代。

与回到过去的策略相反，卡森把目光投向未来，希望拥有发达技术设施的国家在取得辉煌成就的基础上，采取一系列“新的、富于想象力的、具有创新精神的措施，来解决我们如何与其他生物共享地球的问题”。[1] 她虽然非常清楚人们对伊甸园般的过去有着多么强烈的诉求，但绝不容许它使自己偏离走向未来的轨道。

在蕾切尔·卡森的鼓舞下，我坚定地相信，未来只能到未来去寻找，而不是回到过去。如果不考虑我们正在思考的环境背景，这个观点是如此的明显，根本用不着去讨论。尽管如此，我们还有其他选择吗？我们能按照过去的模板来规划未来吗？正如我们在生活中的某个节点上常常认识到的那样，问题的根源在于，过去，不论我们记得与否，不论与我们是否有关系，都很少像现在看起来的那么美好。

是的，回到我们向大自然释放数十亿吨温室气体和有毒化学物质之前的想法，当然很有诱惑力。但是，我们的问题不应该责怪未来，因为，未来给我们以极大的希望。恰恰相反，我们那些令人

---

① Rachel Carson, *Silent Spring*（《寂静的春天》）, p. 296.

不安的问题从小的方面来说,是在过去产生的,板子应该打在过去身上。从大的方面来说,责任应该由现在来负,因为我们对那些存在着问题的行为,没有加以遏制,也许甚至都没有进行检查,就毫不在乎地延续下来了。

对于环境现状,我们下意识的反应可能是逃离从这个现状孕育而出的未来,甚至会更进一步,回到那个想象中的田园般的过去。然而,我们现在急切需要做的是,(沿着卡森的足迹)坚定地把我们的视线投向未来,寻找解决这些问题的创新方案。当然,过去会在未来发挥一定的作用,因为忽视过去的教训是十分愚蠢的,但是未来需要从现在中脱颖而出,即便现在有这样那样的问题。为了建设一个比现在更好的未来,我们需要直面我们的问题,然后充分利用我们已有的和正在涌现的知识,从而寻求并实施解决方案。很明显,这需要科学技术。实际上,尽管我们如此希望回到伊甸园,但是如果认为能够阻止技术现代性把我们势不可挡地推向未来,就未免有点天真了。

从某种意义上说,这个问题甚至比伊甸园的另一个遗产更重要。另一个遗产是关于进化论和神创论的长期争论,这个争论至今还分裂着美国。在这两种情况下,科学都面临着风险,被当作危害环境的嫌疑犯和危险的甚至是彻头彻尾的恶魔。显而易见,进化论有着深远的影响,但是相信人类曾经真的与地球有过和谐的、伊甸园般的关系这一观念,也有着极大的市场。伊甸园不仅挑战课堂上对科学的传授,还影响我们吃的食物(我们寻求传家宝水果和蔬菜)、我们穿的衣服(我们喜欢“天然”的衣料)、我们住的地方(也许像梭罗一样,喜爱乡村生活)以及数百个其他的生活实践。本书会论及其中的一些生活实践,特别是我们对乡村生活的热爱,那种热爱里蕴含着潜在的危险。

更为重要和更为普遍的是,伊甸园让我们放弃了从教训中产生的未来,而那些教训都是我们从过去吸取的。伊甸园不只给我们提供了一个进化生物学的替代物，而且竟然冒天下之大不韪，自己替代了进化和进步，反对科学的、技术的、经济的、政治的和文化的进化和成就，而这些进化和成就正在强有力地推动我们人类进入未来。

有没有可能用我们双手构建的更加美好未来愿景去替代那个对完美过去的渴望？在环境问题令人焦虑的当下，即便是想象出一个这样的未来，可能都有困难。尽管如此，我个人还是相信这是可行的，当然也是不容易的。这不是我们当前的环境问题有多大，也不是我们的困境没有多少改进的空间而只剩下悲观主义的问题。更大的问题是，我们一直在讨论的回归自然思想太根深蒂固了，可追溯到遥远的过去。

如此古老的思想，为什么不可思议地流传到今天？

我们曾经与地球和谐相处这一信念有着极大的诱惑力，特别是在当下要想获得与地球的和谐关系特别困难的时候，但是，这种困难实在太大了，以致那种和谐关系都很难想象出来。（科幻小说和气候小说作家在这方面当然也有困难，不知道该怎样描述。几十年来，他们给我们创作了似乎无穷无尽的启示文学和反乌托邦文学，而不是描绘更加美好的未来。）250 年前，卢梭像他同时代的几乎每一个西方人一样，相信我们曾经与地球和谐相处过，而彼时技术现代性的出现让卢梭感知到未来可能会出现什么样的景象，于是敦促我们回归那样的时代，回归自然。卢梭的想法，难道不匪夷所思吗？

遗憾的是，由于从来不曾存在过这样的时代（如果您相信历史记录而不是神话传说），所以我们根本无法回归，无处可归。卢梭回归自然的思想尽管被狂热地推崇了两个多世纪，但依然不可能实行。事实上，这是荒谬的。我们不可能“回归自然”，因为自然（即人与自然的完美关系）从来就不曾存在过。

从这个意义上说，如果我们要走进自然，那不是回归，而是大胆地往前迈步,走向自然。一种比我们现在与自然之间更好的关系,毋庸置疑是复杂的,也是难以形成的,只有到未来中才能找到。随着“回归自然”思想的式微和“走向自然”思想的诞生,那个在卢梭那里被奉为准则、在梭罗那里被视为生活方式的已经沿袭了千年的范式,需要进行改变。

我将科学和技术引入我们的讨论,因为在本书的下半部分,我会提出,仅仅通过科学和技术,我们的环境问题是解决不了的。尽管有些环境保护主义者比如生态学家,认为需要让技术去迎接环境的挑战,但远不能令我信服。不过(我不仅希望在本章能够充分表达清楚,而且希望在下一章也能表达清楚),这并不是说,科学技术要对我们目前的环境灾难负全部责任;也不是说,它们在推动我们走向自然的旅途中,不会发挥任何作用。恰恰相反,我坚定地相信,我们只有在科学技术的帮助下,在日常生活方式中做出重大改变,才能走向自然。

本书的下半部分将详细阐述这一理念。但是首先,下一章将进一步探讨我们为什么需要走向自然,并分析那些已经出现的令人鼓舞的、走向自然的初步措施。

第二章

转向未来

截至目前,我们在相当长的一段时间里一直走在有着环境问题的道路上。考虑到现在正处于长期以来形成的全球性环境危机之中,所以我这样说可能不会引起很多人的侧目,特别是近几十年来,一批环境保护主义者一直发表类似的观点。

不过,虽然听起来有点违背直觉,但我们之所以走在这样的路上,是很多环境保护主义先行者比如亨利·戴维·梭罗、约翰·缪尔和奥尔多·利奥波德等人引导的结果。对于在这些思想家熏陶下成长起来的环境保护主义者来说,这种说法听起来可能有些不舒服,特别是这些作家所接受和推崇的现代环境保护主义的基石之一不过是一个神话而已。

这个神话,我们在上一章已经探讨过,内容非常简单,就是认为,人类与自然之间曾经有过非常和谐的关系。在这些非常极端的说法中,有一种带给人这样的承诺:我们会以某种方式,哪怕是不起眼的方式,重新获得这种已经丧失的和谐关系,从而"回归自然"。即便人们认为这是不可能的,但依然常常念兹在兹地寻求这一已经逝去的与自然的联系。尽管这种思想通常被归功于让-雅克·卢梭,但其实在他之前几千年就已经存在了,现在还为人们所推崇,也许信奉这一思想的有数十亿人,其中很多人从来没有听说过卢梭。回归自然思想的现代主张,包括对荒野进行浪漫化想象,坚信传家宝水果和蔬菜等"天然"产品从本质上优于那些带有人类工艺和干预标志的“人工”产品。梭罗由于真的去大自然中生活过一段时间,所以他可能是这种思想最著名的倡导者。

这种思想最常见的说法之一是,认为在历史上的某个时间节点,我们人类曾经在某个地方与自然和平地相处。正如我们在上一章看到的,尽管可能看起来是对的,甚至符合直觉,但这种回归自然的思想是公然违背理性、科学和历史记录的。因此,我们需要接受一个冷峻的事实:如此和谐的关系从来不曾存在过,想再获得那个关系是根本不可能的。所以,如果说我们能以某种方式回到从来不曾存在的状态,那就是被误导的。为了摆脱这个流行的但是被误导的认识,我们需要转向,而且需要尽快转到相反的方向,在未来建立与自然更加和谐的关系。换句话说,我们需要迈步走向自然。

为什么这种转向很重要?只要能改进我们与地球的关系,怀旧又有什么害处呢?简而答之,在具体的实践中,如果转向过去而不是转向未来,那会影响我们对当下如何用力。

以环境为例。依据我们的重点是放在过去还是放在未来,我们来调整对不同类型环境的关注。如果对回归自然感兴趣,我们通常会像梭罗一样,直接走向荒野,因为我们把荒野看作是还没有被我们破坏的自然,把荒野看作是我们想象中更加绿色的、伊甸园般的过去所留存下来的珍贵遗产。我们往往使用“回归自然”这个术语,来想象梭罗穿越时间而不是空间的行为,尽管严格说来,这是不准确的。我们通常不说梭罗“走进自然”,即便他的的确确是从他家乡马萨诸塞州的康科德(Concord)小镇步行走到附近的瓦尔登湖的(瓦尔登湖距离他家所在的小镇只有一英里,虽然他经常说那里是荒野,但根本谈不上)。恰恰相反,他走进自然的这次行动被想象成时光的倒流,回到当年地球满目荒野的时代。

现在,荒野仍然以这种方式被想象着。它一定是史前时期从来没有被人类触碰过,或者是在人类历史上只有极小程度的触碰。

（我们现在知道，这往往是不正确的，因为很多地球上的荒野，包括像优胜美地那样标志性的地方，在数千年的历史进程中，已经被人类行为大大地改变了。）因此，在不能回归自然的情况下，这种走进自然的空间运动，长期以来就被想象成回归自然的时间运动。根据这一认识，即便我们不能从时间的维度进行回归，把自然的某些东西寻找回来，比如被人类开发利用的大片土地，但是我们至少可以尽最大努力，比如说，在必要的情况下，用大量的资源去保护我们认为属于原始自然（即荒野）的最后土地。那些土地，在人们的想象中，还没怎么受到人类发展的影响。在梭罗、缪尔、利奥波德等人之后，一大批环境保护主义者一直采取这样的回归自然的逻辑，不遗余力地保护荒野。

投身于荒野保护，当然没什么问题。对此，应该给以热情的称赞。不过，在期待未来人与自然有一种更好的关系时，我们应该坚定地把相当一部分的注意力放在我们工作和生活的地方，比如城市、郊区、农场、工业厂房等有人类活动的地方，这些地方构成我们所在星球的大部分区域（与荒野的对比至少是三比一）。正是在这些地方，人类参与进行了大量的实践活动，对全球环境的恶化产生了严重影响。相应地，也正是在这些地方，我们急切地需要走向自然，与我们的星球建立更美好的关系。

当然，让人类以及我们众多辉煌灿烂的文化在这个星球上繁荣，取得更大的成就，同时还要与自然相处得更加和谐，这是一个艰巨的挑战，很有可能是将来几十年甚或几百年里最大的挑战。的确，我们该怎样解决衣食住行和交往并以新的方式为几十亿人提供服务，同时又不对我们的地球造成可怕的伤害呢？换一种说法，我们作为一个物种，怎样才能走向自然，并在未来与我们的地球及地球上的其他生命形成一种更和谐、更可持续的关系呢？

我认为，这是我们这个时代以及未来所要面对的大问题。尽管有些环保主义者可能会对这个问题嗤之以鼻，但我还是坚持，现在走向自然这个事情无论从哪个方面说，都比保护荒野更重要。不是说荒野及对荒野的保护在走向自然的征途中不再重要，而是说，那只是其中的一部分，说实在的，那只是所有重要事情中的一小部分。当然，让荒野保持绿色很重要，但更为急迫的是，我们需要努力绿化其他的地方。

根除回归自然的思想是一个巨大的挑战。由于未经验证的认识有误导我们精力的风险，所以环境保护主义者会率先对这一思想进行全面审视。不过，具有讽刺意味和令人悲哀的是，由于回归自然的思想长期以来是现代环境保护主义的基石，理所当然也是这些环境保护主义者最坚实的立足点之一，这都是从梭罗、缪尔、利奥波德和其他很多人那里学来的。

尽管我积极关注最近那些走向自然的举动，并把其称为走向自然运动的先声，但依然不是特别清楚这场运动及其未来将采取什么形式。小说家米兰·昆德拉（Milan Kundera）曾非常精辟地指出："未来总是比现在更伟大。"[①]的确，此言有点嘲笑现在的意味。现在看起来很有希望的，可能最终远远达不到我们想象的程度。尽管如此，现在是通往未来的唯一道路。今天走向自然运动的初步试验几十年后可能看起来很好笑，或许是将来人们所希望出现的重要时代的渺小开端，也可能造成完全出乎意料的结果。

不管这个走向自然的运动指向哪里，它在很大程度上都是由新一代的人推动的。与他们几十年前回归自然的前辈相比，新一代的人有着截然不同的关切和目标。且不管其他地方，我首先在课堂上看到了这个运动的迹象。

10 多年来，我在很多大学讲授过诸如《瓦尔登湖》这样的作品，注意到学生对梭罗等早期环境保护主义者的兴趣逐渐淡了下来。尤其是，他们还开始对某些主流环境问题，比如荒野及对荒野

---

① Milan Kundera, *The Art of the Novel*（《小说的艺术》）, trans. Linda Asher, New York: Grove Press, 1986, p. 20.

的保护，也越来越没有了兴趣。虽然这看起来令人不安，背离了环境价值观（最初在我看来就是如此），但是我逐渐地把它看作是令人高兴的、走向新的价值观的行动，把我的学生看作环境思想和行动主义的新时代先锋。

正如我在导论中所介绍的，梭罗有点不招人喜欢，因为他逃离他家后面新兴的工业区（当时是美国最大的工业中心，距离马萨诸塞州洛厄尔镇的瓦尔登湖 15 英里），到瓦尔登湖畔去过一种很久以前的生活。正如前文所指出的，我认为这是一种逃避。与此相反，新一代的环境保护主义者开始转向技术、城市化和现代性。

这样的趋势代表着一种新的环境思想，与梭罗等人所倡导的有很大不同。但是，这种新思想与梭罗的想法在一个重要的方面是相似的，那就是越来越多的环境保护主义者开始直接采取个人行动，而不是仅仅满足于敲边鼓和停留在对我们地球未来的思考上。他们像梭罗一样，义无反顾地投身实践，对现实条件下的环境施加影响。然而，他们的实践与他们父辈、祖辈所参与的回归自然的行动不同，不是像梭罗那样退回到美国最后的荒野中去，或是将大量的精力和财力花费到荒野保护上。恰恰相反，很多年轻一代迈向不同的方向，走向几十年前的环境保护主义者所放弃的地方，比如城市。

近 10 多年来，新一轮的环境保护运动实实在在地推动着城市的绿化。纽约市的“高线公园”（High Line）和巴黎市的“绿荫步道”（Promenade Plantée）都是用废弃的铁路改造而成的林荫通道，它们已经成为环境保护运动的标志性成果。屋顶花园、后院鸡笼、垂直农场等也是如此。这些环境保护主义者不再离开城市到荒野去寻找自然，而是把自然带到城市，让混合着城市和农场的生活方式对人们日常生活的方方面面产生很大的影响。这个运动并不限于城市，而是越来越包括郊区，用蔬菜花园来替代草坪，同时修订城市法令，允许山羊、绵羊等家畜在游泳池和网球场附近啃食。

尽管城市农场和郊区农场的发展可能看起来微不足道，甚至有点怪异可笑,但是从某种程度上来说,这个运动颠覆了人们5000多年的思维模式。从西方文学最早的作品开始,乡村和城市(延伸来看,就是自然和文化)不但一直被反复不断地想象为不可调和,而且是背道而驰。在最近几个世纪,乡村总的来说受到青睐,而城市则成了令人躲避的所在。

这种态度在梭罗身上鲜活地存在着,并且根深蒂固。他对洛厄尔和其他地方的城市和工业现代性感到痛苦沮丧,所以就往他想象的完全不同的地方逃离。也就是说,到他能找到的最近的大自然中去。不过,现在新一代的环境保护运动分子越来越将注意力从未受文化影响的自然,比如国家公园和热带雨林的荒野(整个20世纪,热带雨林受到很多环保分子全身心的关注,有时甚至超过了其他一切东西),转向一种被文化浸润过的自然图景,将自古以来就相互对立的乡村和城市融合在一起。

城市是人类居住的所有地方中最发达的地区之一,现在正成为一种新思想的试验场。这种思想认为,城市可能远比我们想象的更加自然化。由于爱德华·格莱泽、戴维·欧文等人著作中的描述,"绿色都市"(green metropolis)的思想听起来不再是矛盾的。现在的巨大挑战是如何让城市有更多的绿色,因为,正如格莱泽、欧文所言,在很多方面,城市已经比郊区甚至多数农村地区的环境还要好。尽管这乍一听来不合情理,但是他们令人信服地说明,曼哈顿的生活在各个方面都远比怀俄明州(Wyoming)更加绿色环保(我们会在第四章详细讨论这个问题)。

走向城市、离开荒野的运动绝不是迈步走向自然这一思想的唯一特点,不过,它的确揭示了这一做法的核心特征,强调了与先前回归自然思想的不同之处。

城市可以是绿色的,可以是自然的,这一理念也许看起来违背直觉,容易引起争论,或者认为完全是错误的。在早些时候的环境保护运动分子看来就是如此,比如"地球至上论"(Earth First!)的创建者戴夫·佛曼(Dave Foreman)。他在20年前就大胆声称,文明不可避免地在人类和自然之间建构了鸿沟。在他那个时代的环境保护运动分子中,他的解决方案是最激进的方案之一,呼吁采取几乎一切措施来保护荒野,甚至不惜造成生态破坏来干预人类的发展。

与之形成对照的是,新的环境保护运动团体聚焦于已经被人类开发和居住的地区,这些地区占地球面积的比例要比残存的荒野地区大得多。如果我们希望拯救这个多数地域被城市、郊区、农场、工厂以及其他各种人类建筑和设施所覆盖的地球,那么我们需要将注意力和精力转向这些地区。关注焦点的转变揭示出环境保护运动正在变革的程度。生态破坏(以及温和的回归自然环境保护主义者所采取的更加友善的策略)旨在阻止和限制人类进入荒野,这一观点正在被生态养育所替代。也就是说,对那些已经被开发的地区进行生态养育。

可以想象,在这个对我们数百年来实施去绿色化的地区进行再绿色化的过程中,也许会出现回归自然的转向,因为人们可能会将这些地区恢复到人类居住之前的状态。不过,这些项目通常是(而且我认为是非常精彩地)往另一个方向努力,不是回归自然,而是走向自然。

比如,约书亚·大卫(Joshua David)和罗伯特·哈蒙德(Robert Hammond)在20世纪90年代末所设计的纽约高线,就没有拆除一英里半长的高架铁路,以便使它"回归自然"(即将废弃铁路线所在的土地恢复到人类或者至少是欧洲人来曼哈顿岛居住以前的状态)。拆除铁路线可能是上一代持回归自然思想的环境保护主义者的梦想,但是大卫和哈蒙德认可了铁路存在的现实,更为通情达理也许更为重要的是,他们接受了人们曾经居住在这个地方,并通过铁路线等痕迹来彰显他们曾经存在过的事实,所以,就在此基础上制定了绿化铁路线的计划。

与先前锈蚀、衰败的情形相比,纽约高线现在已经是一个非常"自然"的地方,成为一个绿树成荫、植被丰富的城市花园,蜿蜒穿过市中心曼哈顿。不过,由于和几百年前的那种自然状态不同,有些人就不仅反对将其称为"自然的",甚至还反对把这个高线的修复看作是一个实现了其价值的重要环境目标。

认为高线项目不是"自然"的,这一观点与回归自然的思想有关,其根源往往在于前面提到过的对自然的理解,把自然看作是独立存在的,是不能有人类介入的。遗憾的是,这种对自然的理解及其引导我们所走的道路,是不能通向任何一个实际的环境目标的,反而会把我们引向一个死胡同,因为从那个意义上,让自然成为其所谓自然的样子,唯一的方法是让人类从地球上完全消失。

事实上,这个激进的建议以前曾被某些环境保护主义者提出过,比如前面谈到的生态破坏倡导者戴夫·佛曼。他说:"如果你以前没有想到过人类灭绝,那么一个没有人类的世界这一想法可能听起来很奇怪。但是……把人类淘汰掉可以解决地球上的一切问题,不论是社会方面还是环境方面的问题。"[①]2007 年,艾伦·韦斯曼(Alan Weisman)出版了《没有我们的世界》(*The World Without Us*)一书,向我们提供了如果人类真的灭绝,地球如何回归自然状态的漫长画面。根据韦斯曼的推测,大约 500 年后,人类居住的地区就会变成森林,自然处于快速恢复之中。从很多方面来看,韦斯曼描述了最终回归自然的幻象。

这种激进的回归自然的理念,是梦想回到人类出现以前的时代,把过去想象成未来的样板。显而易见,在很多人看来,这是不切实际的,因为它把我们人类排除在地球之外。尽管如此,我遇到的人里面依然有很多人相信,这让我很惊讶。他们相信,这样一个激进的、全球性的回归到一个没有人类的自然世界,是纠正我们人类所犯下的诸多环境错误的唯一正确途径。

认识到"自觉自愿的人类灭绝"不是一个好的选择,很多人就

---

① David Foreman, "Voluntary Human Extinction"(《人类的自愿灭绝》), in *Wild Earth*(《荒野地球》), Summer 1991, p. 72. 注:作者发表这篇文章时用的是笔名"Les U. Knight"。

退而求其次，假定一个“底线”（从生物学中借用的一个概念），在那个底线之上，确实有人的存在，尽管只有很少的人，尽管只有最少的环境足迹。就曼哈顿而言，如果要回归这个意义上的自然，比较明确的目标底线会是 1524 年前的某个时候，也就是说，佛罗伦萨的探险家乔瓦尼·达·韦拉扎诺（Giovanni da Verrazzano）作为欧洲人第一次踏足曼哈顿岛的时候。

与此形成对照的是，大卫和哈蒙德关于伦敦高线公园的设计就没有往回看。他们没有回归到 1524 年，更没有回归到冰河期之前人类第一次跨越白令路桥进入北美，并一路抵达哈德逊河谷的时候，而是坚定地希望这个公园成为一个更加绿色的地方。至于采取什么样的形式，过去的时光只能提供些许的参考，因为很显然，高架铁路线不是哥伦布抵达美洲以前曼哈顿风景的一部分。

没有过去的范例为大卫和哈蒙德提供指导，就出现了严峻的挑战。如果不往后看，以过去和逝去的图景作指导，我们怎么来想象一个环境更加美好的未来呢？

这个问题，比纽约高线的绿化要大得多，就我所知（本书中一直坚持这个观点），这是当前人类面临的最重要的问题之一。当然，如果你掉转视线，回望一下过去，肯定也有帮助。想一想纽约高线那个生物区里曾经什么植物最茂盛，然后采用生物学修复技术，让它们融入新的环境当中，这无疑是很有用的。不过，与自然形成新的关系这个艰巨的挑战，等待着任何一个希望在迈步走向自然方面取得成功的人。

顺便提一下，我不知道纽约高线的设计师大卫和哈蒙德最初是否认为自己是环境保护主义者。当然，他们的关切与上一代环境保护运动分子的想法是很不相同的。而且，即便他们的设计没有显示出多少对回归自然思想的兴趣，他们也在通过规划和工作，努力营造一个环境更加美好的世界。在我看来，这就足够了，他们是合格的环境保护主义者。随着走向自然运动的持续升温，环境保护运动分子的标志性形象将从竭力阻止开发和通过舍身保护树木来维护荒野的绿色,改变为另一种形象,那就是不知疲倦地实现我们星球其他地方的再绿化。

像曼哈顿高线公园那样的再绿化项目是最近走向自然的典型案例,不是回归自然的代表性个案。不过,走向自然的思想不能说是新的,它在20世纪60年代现代美国环境保护运动兴起的时候发挥了重要作用。还有,听起来可能有些不可思议,现代性的出现是在400年前。

可以说,蕾切尔·卡森1962年发表的《寂静的春天》在激发现代环境运动方面,比任何一本著作起的作用都大。就我们现在的目标而言,关于这部里程碑式的小说,最值得指出的,正如我们在上一章里所看到的,是其在结尾处乐观地期待通过谨慎使用科学技术,而不是拒绝科学干预,来获得一个更加美好的自然。因此,正如植物病理学家帕梅拉·罗纳德(Pamela C. Ronald)最近所言,卡森可能是热情欢迎转基因作物的作家。[①]

罗纳德的结论令人意外吗?看起来奇怪吗?是不是搞错了?况且,卡森不是敦促我们回到人类开始使用从石化产品中提炼出来、被明确拒绝使用的杀虫剂干预自然运行之前的时代,并倡导有机生活吗?事实上,卡森并没有提出这样的建议。尽管《寂静的春天》的目的是为了引起社会关注毫无限制地、大规模地使用杀虫剂

---

① Pamela Ronald, "Would Rachel Carson Embrace 'Frankenfoods'? —This Scientist Believes 'Yes'"(《卡森会喜欢转基因食品吗?这位科学家认为"会喜欢"》), in *Forbes*(《福布斯》), August 12, 2012. Pamela Ronald and Raoul Adamchak, *Tomorrow's Table: Organic Farming, Genetics, and the Future of Food*(《明天的餐桌:有机农业、遗传学和粮食的未来》), Oxford: Oxford University Press, 2008.

正如培根在《新工具》中尖锐指出的:"我们还必须坦诚地讨论知识的用途,还必须说,我们从过去特别是从古希腊所学到的知识,看起来还在科学的孩提时代,具有儿童的特征,特别想说话,但是又很弱小,不成熟,不能干任何事情。"见 *The New Organon*(《新工具》), Cambridge: Cambridge University Press, 2000, p.6。这一版的《新工具》是丽莎·雅尔丁(Lisa Jardine)和迈克尔·西尔弗索恩(Michael Silverthorne)主编的。另见我写的"Sixteenth - Century Artisanal Practices and Baconian Prose"(《十六世纪的手工艺和培根散文》), in *New Ways of Looking at Old Texts*(《旧文本·新视角》), ed. Michael Denbo, Tempe, AZ: Renaissance English Text Society, 2014。

(主要是 DDT),但让人得出了极具说服力的、完全令人信服的结论,那就是卡森对于科学技术以及我们迈步走向未来的能力有充分的信心。尤其是这部作品的结尾处,希望我们对生物学的理解能够有一天提高到可以通过生物技术来更好地控制植物和昆虫的水平。这就是罗纳德说卡森有可能支持转基因作物的原因。

卡森小说结尾处是全书的核心思想,但是在很大程度上已经被其他人改写了,事实上被颠覆了,这种改写和颠覆是回归自然思想令人惊叹的坚守和成功的明证。现在,消费者对卡森关于与杀虫剂相关的危险的警告,只是给予轻描淡写的注意,他们到食品店的货架上寻找那些"自然"产品,比如有机种植的传家宝水果和蔬菜,而那些传家宝水果和蔬菜就像是某种活化石,似乎在某种程度上可以保证把我们带到那个还没有出现任何环境问题的时代。相比之下,如果卡森今天还健在,她会对转基因食品进行调查研究。

卡森并不是推动走向自然思想的第一人。这一思想在几千年的时间里一直在零星地传播,得到数十人的推崇。400 年前,它以一种全新的、很有冲击力的方式横空出世,不仅开创了看待人类与自然关系的新方式,而且还启动了一场运动,这场运动成为世界历史上最有影响的运动之一。从很多方面看,走向自然思想催生了现代性。

弗朗西斯·培根在回顾人类历史的时候,发现过去的生活并不比他那个时候好。培根和莎士比亚是同时代的人,培根的写作是在 1600 年前后,正是英国文艺复兴的高峰时期。这一时期,古希腊人和古罗马人受到极大的推崇。不过,即便是在古希腊和古罗马文化最鼎盛的时候,其传承下来的知识,在培根看来简直就是幼稚(我也这样认为)。由于文艺复兴时期的工匠比如约翰内斯·古登堡(Johannes Gutenberg)取得的成就远远超过前人,所以培根就认为他生活的时代远比过去优越,因而更加期待未来,因为,懂技术、讲理性的人类能够:第一,理解;第二,复制;第三,超越自然取得的任何成就。培根不仅希望人类将来有一天有能力在遵从自然的前提下战胜自然,而且相信我们的主要任务应当是积极尝试并努力实现这个宏大的目标。特别是,他很自信地认为我们能够做到。

在培根所处的时代,宗教、炼金术、传说、迷信、占星术以及神话的影响都比科学要大,那个时候的技术用现代的标准来衡量,简直就是小儿科。在这样的形势下,培根提出了战胜自然的建议,体现出他极大的乐观。非常了不起的是,所有人都把培根的话当真了。而且,就在他去世后几十年,英国皇家学会(British Royal Society)成立,这部分归功于培根关于自然可以改进的信念。现在,英国皇家学会依然是世界上最知名的科学组织之一。从那以后,培根被誉为"现代科学之父",不论在那时还是现在,他都是科学界的英雄。[①]

培根如果现在还活着,很可能会鄙视贾雷德·戴蒙德(Jared Diamond)的《昨日之前的世界:我们从传统社会能学到什么?》(*The World Until Yesterday: What Can We Learn from Traditional Societies*)这类的书籍。考虑到培根喜欢用语简明的特点,他很可能会猛不丁地对戴蒙德书名中的问题给出一个简单的回答——"没学到多少"。为了促进人们与过去告别,培根反复不断地减弱我们对过去怀有的崇敬和怀旧。对于那些笃信回归自然思想以及认为"老方式"往往更好的人,这种走向自然的思想可能听起来不顺耳。培根对此心知肚明。不过,那就是要点所在。培根想让我们摆脱对过去的迷恋,这种迷恋在他看来是奇怪并且危险的,因为他认为从很多方面看,过去比现在要落后,更不用说与未来相比了。在培根激情的想象中,未来是可控的,有着新的自然图景,是人用双手创造

---

① 托马斯·斯布拉特(Thomas Sprat)1667年出版的《英国皇家学会史》(*History of the Royal Society of London*)介绍了英国皇家学会这一组织初创时确定的宗旨。这本书的卷首插图中有3个人物,分别是培根、国王和学会的会长,其中,培根的图像比其他两人的都大。

出来的。

现在需要停下来想一想,我们可以用两种方式来想象我们的世界。一是被创造出来时是完美的(比如《圣经》中关于伊甸园的记述),也就是说,在后来的发展中,不知道在什么地方出错了,就像是今天的世界在很多方面不再完美了。二是持续不断地进化,我们的世界实际上一直在向前演化。

对此,不能仅仅从环境的角度来认识。400 年前,欧洲人就面临着这两种世界观的抉择。这种困境今天依然反映在我们对这个时代的两种看法里,我们可以称之为"文艺复兴时期",也可以称之为"现代早期"。这两个术语在使用时尽管常常可以互换,但不仅代表着对这一时代两种截然不同的观点,而且体现着两种完全不同的世界观,这两种世界观在我们身上至今仍然存在。

"文艺复兴"指的是重生,具体来说是古代艺术和科学的复兴,特别是古希腊和古罗马艺术与科学的复兴。通常来说,古希腊和古罗马的艺术与科学在那个时代十分受推崇。

"现代早期"只有在与较后的阶段也就是现代时期相比,才能更好地体现出它的特征。我们称这个阶段为现代早期,不是着眼于过去,而是着眼于未来,指的是我们现代世界的早期发端。比如,古登堡的印刷厂于 1450 年问世,在西方是全新的东西,古代没有任何东西能与它相比,所以,它不属于文艺复兴。不过,正如我们现在所知道的,那是印刷业的艰难起步,从那以后,这一行业令我们的世界丰富多彩,成为现代早期一个闪亮的标志。

尽管这个时代的早期作家比如意大利诗人彼特拉克(Petrarch),都把他们的目光紧盯在过去,但是到了莎士比亚时期,弗朗西斯·培根等思想家开始以轻视的态度回顾从前。培根说:"我们还必须坦诚地讨论知识的用途,还必须说,我们从过去特别是从古希腊所学到的知识,看起来还在科学的孩提时代,具有儿童的特征，虽然特别想说话，但是又很弱小，不成熟，不能干任何事情。”[①]培根拒绝了过去，转而将视线投向未来。

培根的科学革命促进了技术现代性的发展。也许是意料之中，多年来，培根受到一些人的贬低。特别是在20世纪下半叶[尽管其根源可以追溯到19世纪的《弗兰肯斯坦》(*Frankenstein*)甚至更早的时候]，一批作品开始关注培根推动兴起的科技革命所造成的可怕影响，其中很多是对环境的影响。这些观点往往与回归自然的思想遥相呼应，因为过去往往被描述为可以替代被人们所诟病的科学技术的现在和想象中的未来。

具有讽刺意味的是，《寂静的春天》尽管反复回避回归自然的思想，但至少从环境角度看，它依然是此类著作中最有影响的作品之一。卡森在《寂静的春天》的开头描绘了一幅健康、快乐的田园景象，背景中有悦耳的鸟鸣，但突然笔锋一转，就让我们看到了死亡。那片风景变成了荒凉的土地，寂静无声，死气沉沉。[顺便说一下，卡森的书名受到约翰·济慈(John Keats)一首诗的启发，那首诗描述了一个相似的、令人心碎的荒凉场景："湖中的芦苇已经枯萎，也没有鸟儿歌唱！"[②]]卡森故事中的反面人物，也就是自然的杀手，很快就被揭示出来，是对基于石化产品的杀虫剂的无限制使用。

对于深信科学技术会带来更好生活的普通美国人来说，卡森1962年传递的信息就是个炸弹，永久地炸碎了很多人对科学的纯真信仰。部分原因是这本书流传太广(先是在《纽约客》上连载，并很快登上《纽约时报》的畅销书排行榜)，部分原因是随着对现状越来越不满的反主流文化的兴起，《寂静的春天》激起了人们出于对环境的担忧而带来的对科学技术的广泛怀疑。

我注意到，《寂静的春天》因为环境原因而引起人们对于由

---

① Francis Bacon, *The New Organon*(《新工具》), p. 6.

② John Keats, "La Belle Dame Sans Merci"(《无情的美人》), lines 3 - 4.

培根推动掀起的科学革命的质疑，这真是一个“讽刺”，部分原因正如前面所指出的，卡森是坚定的科学支持者（尽管她本人不是研究型科学家，但是拥有动物学硕士学位，受过科学训练，具备科学知识，这在《寂静的春天》中有充足的证据）；部分原因是这本书立即推动科学界来解决存在的问题。毫无疑问，卡森认为，科学家的干预是可信赖的，因为她不断地说，科学可以给我们的未来带来最好的希望。拒绝科学，就如同将她希望引起人们注意的被污染的洗澡水泼出去的同时，连同洗澡的婴儿也一起扔出去了。

《寂静的春天》墨汁未干（事实上，从某种程度上说，该书还没有开机印刷。尽管有些章节先发表在《纽约客》上，但书是在一个月后才出版的），肯尼迪总统就在 1962 年 8 月 29 日的新闻发布会上被问到公共卫生服务部或农业部是否在着手调查 DDT 以及其他杀虫剂所带来的危险。总统回答道：“他们已经在调查了，当然，特别是卡森女士的作品发表以后。”[①]此后不到一年，美国总统科学顾问委员会发表了报告《杀虫剂的使用》（“The Use of Peticides”），支持卡森的观点，帮助减少了那些由于认为她的发现是错误的而针对她的攻击。

科学家被求助参与推动环境保护运动事业的发展，这不是第一次，但强化了这样一种认识：科学家在更好地改善我们环境状况方面发挥着越来越大的作用。正如肯尼迪总统所指出的，科学家已经被动员起来了。1963 年的《清洁空气法》、1965 年的《清洁水法》、1965 年的《固体废物处理法》以及类似的法案，都得到了科学家的研究成果的支持。《清洁空气法》探讨的问题更加深入，不仅要求对空气污染问题本身进行研究，还授权研究最大限度地减少

① Kennedy, *The President's News Conference*（《总统新闻发布会》），August 29, 1962, p. 352.

空气污染的措施。[1] 这些举措在 1970 年推动成立了环保署(EPA)。

《寂静的春天》之所以能够成功,是因为得到了 20 世纪 50 年代以及 60 年代初期在专业科学期刊上发表的诸多科学发现的支持。卡森是训练有素的科学家,作为曾经获奖的作家,她有着几十年的写作经验,是向公众阐释和传达这些环境信息的理想人选。尽管如此,走在最前面的还是科学家,是科学家首先发现了卡森向其他人解释的东西。

当然,现代科学特别是作为技术的应用科学,也引发了一些环境问题,但是,我们还是以《寂静的春天》为例吧。卡森的观点之所以如此具有说服力,是因为她对杀虫剂对生物体的影响进行了全面、细致、科学的分析。对卡森来说,科学提供了最好的理解问题的方式。

不容否认的是,科学为我们走向自然提供的道路尽管非常重要,但并不是唯一的道路。下一章(以及本书的第二部分)将探讨另一条道路,会涉及我们信仰和实践的转变。非常有趣的是,不论是通过著作还是行动,梭罗都鼓励我们沿着这条道路走向自然。不过,正如我们在下一章将要看到的,他还在历史上极具讽刺意味地推动掀起了最大的回归自然的运动。这个运动涉及数千万的人口,当所有这些人都真的从城市里搬出去(他们认为是回归自然)并进入自然的时候,会出人意料地对环境造成可怕影响。

---

① 见美国环保署门户网站(United States Department of Environmental Protection),"History of the Clean Air Act"(《〈清洁空气法〉的历史》),https://epa.gov/oar/caa/caa_history.html。

第三章

走向自然，离开自然

那么，怎么看待梭罗？我们能否说“梭罗对于今天的我们没有任何价值”？从为走向自然的环保主义搭建舞台的角度看，他在两个方面都发挥了作用，其中一个实用性很强，另一个实用性虽不那么强但依然非常重要。让我们从第一个作用开始分析。在对两个作用都讨论了之后，我们再分析梭罗更让人感到不安的遗产，那就是他敦促我们回归自然的独特方式。

广为人知的是，梭罗将《瓦尔登湖》的核心观点浓缩为两个字：“简化”。[①] 早在19世纪50年代，梭罗的邻居就开始建造越来越豪华的大房子，梭罗对此颇有自己的看法，他陷入深思，一个人最简朴的住处应该是什么样子的。想知道他的答案吗？那是木头搭建的单人帐篷，里面的空间仅容得下一个铺盖卷。为了从一开始就让事情变得简单，他想到回收利用一个废弃的铁路储货箱作为住所，当时用一美元就可以买下来。[②] 最后，他在一个更大的地方安了家，有150平方英尺[③]的面积，与最初的想法相比，是有点奢侈了，但是，尽管如此，也只有一个中等花园小屋那么大（这就是他在瓦尔登湖畔住所的样子）。

至于衣物，梭罗反对时尚服装产业，那时的服装中心虽然在巴

① Henry David Thoreau, *Walden*(《瓦尔登湖》), New York, Dover, 1995, p.60.
② Henry David Thoreau, *Walden*(《瓦尔登湖》), p.18.
③ 1平方英尺约合0.093平方米。——编者注

黎，但依然鼓励着我们不停地买，追逐时尚。他说："如果巴黎的猴王戴了一顶旅游帽，美国所有的猴子也跟着戴。"由于"每一代都嘲笑旧的时尚，同时又在虔诚地紧追新的时尚"，衣服虽然还能穿，但是由于不再符合时尚潮流，就被丢弃了（今天尤其如此）。[①] 为了将事情简化，梭罗建议我们不要屈从于时尚的诱惑，只买几件耐穿结实的衣服就可以，另外还要"提防那些所有要求穿新衣服的企业"。[②]

至于食物，梭罗一再呼吁实行简单的素食主义："我很肯定的是，人类在逐渐的进化过程中要摈弃吃肉的习性，那是人类命运的一部分。"[③]早在撰写《瓦尔登湖》的时候，梭罗就拒绝从国外进口的食物，比如咖啡和茶。[④] 他最后的作品生前没有出版，书中赞美当地的时令果蔬，认为要比那些进口的东西，比如通过帆船运到美国港口（像附近的波士顿）的橘子和香蕉，更上等。[⑤]

总起来说，梭罗当然在哲学思考方面有他的贡献和地位，但更为重要的是，他终其一生反复不断地将他的（以及我们的）注意力引到最基本的日常所需上。他坚定地认为，做到这一点远比我们通常想象的要简单得多。

我经常让我的学生想象一下，如果梭罗的瓦尔登湖试验不是在半野外的背景下而是在城市里实施，那会是什么样子。当然，梭罗敏锐的审美鉴赏力（下面会讨论）会有根本的不同。但是，就总的实践情况而言，这种生活方式会是什么样子的呢？当我几年前第一次问学生这个问题的时候，他们都觉得梭罗那时的亲身体验如果在城市里，就没有多大意思了。而今天，恰恰相反，新一代对

---

① Henry David Thoreau, *Walden*（《瓦尔登湖》）, p. 16.

② Henry David Thoreau, *Walden*（《瓦尔登湖》）, p. 14.

③ Henry David Thoreau, *Walden*（《瓦尔登湖》）, p. 140.

④ Henry David Thoreau, *Walden*（《瓦尔登湖》）, p. 139.

⑤ Henry David Thoreau, *Wild Fruits: Thoreau's Rediscovered Last Manuscript*（《野果：梭罗被发现的最后手稿》）, New York: W. W. Norton, 2000, p. 4.

梭罗在瓦尔登湖的短暂生活持怀疑态度的大学生，往往对想象城市的简单化生活表现出浓厚的兴趣。这一点都不奇怪，在各种不同的地方，以各种不同的方式，这样的试验正在真切地进行着。尤为重要的是，这些试验不是孤立的、猎奇性的，而是主流的努力，在很多情况下，都可以作为我们所有人行动的楷模。

2012 年，在时任市长迈克尔·布隆伯格（Michael Bloomberg）的推动下，纽约市实施了住房示范项目"适应纽约"（adAPT NYC），以竞争的方式鼓励房地产开发商建造微公寓。[①] 这样的微公寓是模块化建筑，里面有 55 个单元，每个单元的面积在 250 到 370 平方英尺之间。与梭罗的小木屋比起来，这样的单元住房面积可能大一点，但要记住的是，它们有卫生间和完整的厨房，而梭罗的小木屋则没有。即便如此，如果考虑到结婚的夫妻要住大一点的公寓，人均居住面积达 185 平方英尺，那么这些微公寓已经非常接近梭罗住房简单化的理想面积了。作为这个住房简化运动的试验场，纽约并不是唯一的城市，还有波士顿、旧金山和其他城市，它们都在规划建设单元面积为 220 平方英尺的公寓。[②]

当然，住房只是梭罗推动简化运动的一部分内容。2012 年，伊丽莎白·克莱恩（Elizabeth Cline）出版了《过度穿衣：廉价时尚背后令人震惊的高消费》（*Overdressed: The Shockingly High Cost of Cheap Fashion*）一书，着实让美国人感到震惊。书中的数据表明，美国每年购买的衣物大约为 200 亿件，平均每个美国人（不管男人、女人还是孩子）每年购买 64 件衣服（不包括内衣和袜子等小衣服），简直令人难以置信。正如克莱恩所明确阐述的，这对环境产生了很大影响："全球纤维产量现在是 8200 万吨，生产这些产品需要消耗

---

① http://www.nyc.gov:pr－257－12，2012 年 7 月 9 日。

② Casey Ross, "Housing－starved Cities Seek Relief in Micro-Apartments"（《缺房城市企盼通过微公寓缓解住房紧张》），in *The Boston Globe*（《波士顿环球报》），March 26, 2013.

1.45 亿吨煤和大约 1.5 万亿到 2 万亿加仑[1]水。”[2]克莱恩提出一个让每一个人都参与其中、连梭罗都会感到骄傲的计划：一是少买衣服；二是买那些不追逐时尚的衣服，尽管时尚衣服质量更好、产地更受信赖；三是衣服穿过之后，要学会如何修补。甚至最好买二手衣服。而且，如果有时间并且愿意的话，可以学习如何制作和修改自己的衣服。

迈克尔·波伦在《杂食者的困境》等著作中传达的信息，从这方面来看，与梭罗的思想是契合的，因为两位作家都盛赞当地应季食物的重要性和简洁化。不过，波伦在他的第一本书《第二自然：园艺者的教育》（*Second Nature: A Gardener's Education*）中指出，梭罗对荒野的偏爱颠覆了他在瓦尔登湖进行园艺栽培的努力，因为梭罗相信，田园里的杂草和他种植的豆子有着同样的生长权利，土拨鼠和鸟儿对地里的庄稼享有同样的收获权利，所以他的田园最终失败了。[3] 因此，尽管波伦一开始自己承认是“梭罗的孩子”，但他在很大程度上将他的注意力和关注点从梭罗的瓦尔登湖那样相对原始的环境，转向已被人类改变的地方，[4]比如城市农场以及他自己深爱并劳作的菜园子。15 年后，到了 2006 年，波伦认识到，不可能每个人都能成为园丁，所以他在《杂食者的困境》中开始重在鼓励我们，不管我们生活在哪里，都要尝试去购买当地的、绿色种植的应季食物。

最后一个例子是柯林·贝文在 2009 年出版的一本书《环保一年不会死》（*No Impact Man*）以及同名纪录片。贝文和他的妻子、女

---

① 1 加仑（美制）约合 3.785 升。——编者注

② Elizabeth Cline，http://www. overdressdthebook. com/fashion – fast – facts/（April 2012）.

③ 梭罗对荒野的浪漫情怀使得他觉得，如果歧视杂草（他反对人类拥有如此“招致怨恨的特权”），他会有一种负罪感。他不明白，与土拨鼠和鸟儿相比，为什么他更有权利享受他的田园果实？梭罗在他的生存需要和自然的权利二者之间的矛盾中纠结苦恼，所以就放弃了自己农田里的豆子。见 Michael Pollan，*Second Nature: A Gardener's Education*（《第二自然：园艺者的教育》），New York: Grove Press，1991，p.4。

④ Michael Pollan，*Second Nature*（《第二自然》），p.3.

儿尝试过一年这样的生活：

> 不对环境造成任何负面的影响。我们的最终目的是尽最大努力不生产垃圾（所以不吃外卖食品），不造成二氧化碳排放（所以不开车或乘飞机），不向水里面倾倒含有毒素的物质（所以不用洗衣粉），不买来自遥远地方的食物（所以不吃来自新西兰的水果）。下面这些就更不用说了：不乘电梯，不坐地铁，不买带包装的产品，不用塑料袋，不开空调，不看电视，不买任何新东西。①

尽管梭罗的两年生活试验是在瓦尔登湖畔度过的，贝文的一年生活试验是在纽约城中心的公寓大楼里进行的，但其精神实质是一样的。最近，有不少文章、书籍和影片，比如《极简主义：记录生命中的重要事物》（*Minimalism, A Documentary About the Important Things*），都倡导一种"极简"生活方式。

最近这些践行更简单、对环境更友好的生活和生活方式的努力，要么是集中在城市，要么是由生活在城市的作家提出，我认为，这不是偶然的，这是对梭罗迷恋荒野模式的断然告别，也是对梭罗简化生活核心理念的具体实践，即使实践的背景被放在了城市里。梭罗若地下有知，一定是要么颔首微笑，要么烦躁不安。

然而，对于需要重新思考我们过度复杂的生活这一思想，我们不应该过多地感谢梭罗，因为他并不是第一个提出该思想的人。正如我们从田园诗中所看到的，数千年来，西方文学一直把想象中简朴的农村生活作为一种理想状态。其实，这一思想并不仅仅局限于西方。鸭长明（Kamo no Chomei）是13世纪时期的日本诗人，

① Colin Beavan, *No Impact Man: The Adventures of a Guilty Liberal Who Attempts to Save the Planet, and the Discoveries He Makes About Himself and Our Way of Life in the Process*（《环保一年不会死：一个有着负罪心的文人试图拯救地球的冒险经历以及他在这一过程中对自身和我们生活方式的发现》），New York: Picador, 2009, p. 4.

写了《方丈记》(*The Ten Foot Square Hut*)一书,描述他在农村的隐居生活:房子是他自己建的,面积只有一个方丈那么大,甚至比梭罗的小木屋还小。事实上,鸭长明只是全世界几百年里赞美农村隐逸简朴生活的众多作家之一。

当然,梭罗是一位具有原创才华的思想家。但是,很多作家直接影响了他追求简单的思想,这是尤为重要的。生活于17世纪初、梭罗曾经在《瓦尔登湖》中提到过的本·琼生(Ben Jonson)创作的田园诗《致彭斯赫斯特庄园》(To Penshurst),讴歌的就是简朴的生活。琼生在这首诗中将相对简朴的乡野村居和越来越时尚但他认为对环境造成破坏的所谓名士豪庭(他们那个时代的伪豪宅)进行了比较,这些名士豪庭占地面积大、杂乱无章、凸显身份,在莎士比亚时代的英国已成为一景。[1] 在琼生这首诗发表30年后的17世纪,约翰·德纳姆爵士(Sir John Denham)在其最著名的诗作之一中为《瓦尔登湖》批评消费主义和奢华生活奠定了基础。诗中写道:"人类就像蚂蚁/辛苦劳作,满足想象中的欲望;/但是,一切都是枉费心机,随着获得的增加,/他们巨大的欲望也在增加,只会让他们想要更多的东西。"[2]可以设想,为了有一个更好的生活(市场营销人员投入巨大的精力鼓励我们去追求梦想),我们需要有很多东西,所以就拼命地劳作,最后发现我们的愿望仍然不能满足,所以就重新开始,继续努力,去获得更多的东西。我们想要的东西越多,我们干的工作就越多,我们得到的也就越多,我们想要的也就越多……就这样一直循环往复。

解决这一恶性循环的办法是简化。梭罗之所以比琼生和德纳姆更胜一筹,是因为他不仅将简化这一准则牢记在心,而且身体力

---

① Ken Hiltner, *What Else Is Pastoral?* (《真正的牧歌田园是什么》).

② Sir John Denham, "Cooper's Hill"(《库珀山》). 引自 Brendan O. Hehir, *Expans'd Hieroglyphicks: A Critical Edition of Sir John Denham's Coopers Hill*(《扩展的象形文字:约翰·德纳姆爵士诗作〈库珀山〉评述》), Berkeley: University of California Press, 1969, lines 29-32。我按现在的要求改写了拼写方式。

行。尽管与伦敦当时的伪豪宅相比，彭斯赫斯特庄园的房子是小了点，但依然比大多数现代美国的房子要大不少。同样，德纳姆的工作（这份工作为他写诗提供了保障）是皇家工程监理员，要监理奢华的黄金城堡和宫殿建设。琼生、德纳姆等人对待简化的态度是坐而论道，让别人"随我所言，而非我行"。对此，梭罗提出了挑战，实现了理论和实践的结合，让人们注意到日常生活实践在环境和其他方面的重要意义。①

在外人的眼里，梭罗在瓦尔登湖畔的生活可能看起来清苦寡淡，物质匮乏。但是，梭罗提出，"大多数人过的只是看起来岁月静好实际上却尽日忙碌的生活"，因为他们深陷于永无休止的德纳姆所反对的那些满足所有"想象的欲望"循环之中。② 由于摆脱了这种难以穷尽的、最终也不可满足的重负，因而，梭罗认为他过的是更美好、更真实的生活。而且，他也更幸福："我之所以到丛林去，是因为我希望过一种从容不迫的生活，在只具备基本生活条件的情况下，看看我是否能学会人生教给我的东西，我不希望在临死的时候，才发现自己没有生活过。"③

梭罗认为，过简单的生活不仅对我们的星球有重要、积极的意义，而且还能让我们每个人的生活更美好。伊丽莎白·克莱恩在《过度穿衣：廉价时尚背后令人震惊的高消费》中一开始就详细叙述了她写这本书的缘由，当时，她冲动地一下子买了 7 双鞋，因为大减价，每双鞋花了 7 美元。克莱恩认识到，不管是她买鞋子的欲望，还是生产如此便宜的鞋子的全球经济，一定在什么地方出问题

① 西方思想中一直有着一股强大的力量。至少是从柏拉图开始，全神贯注于那些精神方面的东西，比如真理、公正以及审美等理想。与此对应的是，身体及其物质方面的需求和要求往往被忽视，甚至被诋毁，有时还被看作是尘世上邪恶的来源。但是，梭罗拒绝接受这种二分法，而是提出，完全植根于大地以及我们生存的尘世物质层面，才是精神成长的前提条件。他问道："为什么人在大地上深深扎根之后，就不能同样向天空伸展呢？"（*Walden*, p. 9）简而言之，梭罗认为，我们最基本的身体需求，比如住房、衣服和食物等，不论对于个人还是对于环境，都有着重要的意义。

② Henry David Thoreau, *Walden*（《瓦尔登湖》）, p. 4.

③ Henry David Thoreau, *Walden*（《瓦尔登湖》）, p. 59.

了，这让她感到不安。所以，她像梭罗一样，开始去更好地理解自己，理解全球经济生产体系。克莱恩在《过度穿衣》中虽然没有提及梭罗，但是最终走上了她自己的简化生活之路。这种简化生活，在克莱恩看来好像捡了大便宜似的，使得她的日子比以前更好了（至少从她与衣服的关系来看）。

很明显，为了延缓气候变化，我们这些发达国家的人们需要通过减少消费来降低我们的环境足迹（从而减少消费的副产品，比如大气中的二氧化碳和甲烷）。虽然这乍听起来意味着我们要接受一个更低的生活标准，但是梭罗的探索以及如今克莱恩和其他人的实践证明：恰恰相反，这能让我们所有人的生活变得更好。

在我看来，梭罗关于简化的思想是他留给21世纪的两个伟大遗产之一，因为生活简化的实现对于我们的星球以及我们每一个人都有积极的效益。他的另一个遗产尽管不那么真实可感，但同样重要。

曾有一位敏锐的学生在经过认真的考察后告诉我，如果没有梭罗和那些浪漫主义诗人，就不会有蕾切尔·卡森的《寂静的春天》。那些浪漫主义诗人很多都是梭罗的英国同行。我的学生这么说，是什么意思呢？因为《寂静的春天》成功地敦促我们采取措施来保护环境，但我们首先要做的是关注环境。美国和英国都属于世界上技术最先发达的现代国家，不过包括梭罗在内的一批作家和艺术家对技术进步所作的反应是，歌颂那些正在从全球上消逝的地方，也就是说，留恋那些现代性和工业化相对来说还没有触及的地方。他们这些人饱含热情、反复不断地申明，那些荒野地区比如森林和山川，是庄严、宝贵的，需要保护，花多少钱都值。

为了理解这些作家和艺术家所作所为的重要性，我们需要认识到森林和山川在人们的想象中并不总是那么美好，认识到这一点很重要。[1] 比如，在中世纪的英国，森林通常被视为是黑暗的，会带给人一种不祥的预感，是罪犯藏身的地方，里面有像罗宾汉（Robin Hood）那样的人。当然，罗宾汉至少在现代版本的故事里是个侠义心肠的强盗，但是他的故事最早发生的时候，森林的确是个危险的地方，生活在那里的人都是法律管辖之外的。而且，由于中世纪的英国还没有完全消灭狼群（直到莎士比亚时代才消灭），如果到森林里，很有可能会遇到狼的袭击，这些狼成为童话故事中的角色，它们又大又狡猾。虽然将狼定义为本质上是坏的动物并不公平，但是在中世纪的英国，还真的有狼群偶尔袭击人。

因此，如果我们生活在中世纪的欧洲，对森林的看法可能会与现在有很大的不同。它们在我们眼里不是美丽、迷人的，而是阴森恐怖、杀机重重的，是焦虑不安的主要来源。

这并不是说所有的自然都是可怕的。与此相对照的是风景如画的牧歌田园，牧羊人在肥美的草地上悠闲地赶着羊群，田舍郎在肥沃的土地上种田插秧，这些景象长久以来一直受到诗人和艺术家的青睐。不过，这些地方的环境都被人类进行过大量的改造，因而变得安全、迷人。有大面积森林覆盖的土地则不是这样。

在中世纪的欧洲（甚至是到了文艺复兴时期），山峦也是一样地让人心怀恐惧。17 世纪下半叶，英国作家约翰·伊夫林（John Evelyn）到阿尔卑斯山游历时，心怀敬畏地把那里的山峰描述为“怪异的、恐怖的、可怕的悬崖峭壁”。[2] 伊夫林的观点在当时很有代表性。

然而，两个世纪以后，约翰·缪尔则用完全不同的态度来看待山峦。惠特尼山（Mount Whitney）是美洲大陆最高的山峰，相当于

---

① 从这儿到后面的几页论述，源自我首先在《生态批评基础读本》（*Ecocriticism: The Essential Reader*, Abingdon: Routledge, 2014）中披露的资料。

② *Diary and Correspondence of John Evelyn, F. R. S.: To which Is Subjoined the Private Correspondence*（《皇家学会会员约翰·伊夫林日记与通信，增补了私人通信》），Volume 1, London: H. G. Bohn, 1859, p. 239.

欧洲的阿尔卑斯山。约翰·缪尔注视着惠特尼山,说出了下面这段著名的话:“数千名身心疲惫的、神经紧张的、过度文明化的人开始发现,去山里就是回家;荒野是生活的必需品;山体公园和山川保留地不仅是树木与灌渠河流的源泉,而且还是生命的源泉。”①

这种新的对山峦抱有好感的观点在整个19世纪不断强化,其部分原因要归功于缪尔之前的梭罗和浪漫派诗人,那些诗人甚至将危险的悬崖峭壁和山峰危峦都浪漫化了,比如威廉·华兹华斯的《序曲》(*Prelude*),珀西·雪莱(Percy Shelley)在其著名的诗篇《勃朗峰》(*Mont Blanc*)中歌颂阿尔卑斯山的最高峰,梭罗的笔下也多次赞扬山川峰峦。②

对于这种观念的改变,缪尔提供了很有说服力的解释。随着现代性的发展和荒野的消失,“过度文明的人”(缪尔就是这样称呼的)再也不认为森林与山峦是邪恶的、危险的,而是迷人的、有活力的,是大自然最后的土地,是一种对抗现代性的手段。缪尔并不是做出这种评价的第一人,他的前辈梭罗就对此进行过诊断,并以瓦尔登湖试验的方式采取了个人行动。

现在让我们快进到1962年。当《寂静的春天》面世出版的时候,我们发现浪漫主义诗人的影响依然还在,而且具有难以置信的渗透力。在1962年(甚至是今天),如果你想感受梭罗或华兹华斯的影响,根本就不需要阅读他们的作品,因为他们的作品及其孕育的对自然的爱已经产生了广泛的影响。对于这一点,一个清晰的证据就是,缪尔的话依然在我们耳边回响:“荒野是生活的必需品;山体公园和山川保留地不仅是树木与灌渠河流的源泉,而且还是生命的源泉。”③

---

① John Muir, *Our National Parks*(《我们的国家公园》), Cambridge, MA: Riverside Press, 1901, p. 1.

② 梭罗盛赞山川的文字有很多,有一本书专门汇集了这方面的内容。见 J. Parker Huber, *Elevating Ourselves: Thoreau on Mountains*(《提升我们自身:梭罗论山峦》), Boston, MA: Mariner and the Thoreau Society, 1999。

③ John Muir, *Our National Parks*(《我们的国家公园》), p. 1.

因此，正如我的学生所提出的，在某种意义上，如果没有梭罗和浪漫主义诗人告诉我们山川、森林的重要性并保护、关爱它们，即便是现在，《瓦尔登湖》出版的150年以后，《寂静的春天》也不可能出现（或至少是不像现在这么成功）。只有在面对重视自然的观众和读者时，卡森才能热情洋溢地呼吁保护自然。由于DDT的威胁对象主要是鸟类等动物，对人类的威胁还在其次，所以卡森关于慎重考虑DDT无差别使用的呼吁能否获得成功，取决于我们对荒野以及生活在那儿的非人类生命的关爱，而不是取决于对我们自己利益的关心。如果我们对荒野的重视没有达到梭罗和其他人所倡导的程度，卡森的呼吁，甚至于现代环境运动的呼声，可能就会被人们当成耳旁风。

尽管如此，当我们认识到我们所看到的森林或高山，从某种程度上说是一种文化建构时，会感到有些意外，甚至有点震惊。就这个案例来说，它是100年前由众多作家和艺术家联袂建构的。这是否意味着人们对通过如此文化建构而展现出来的自然的情感，要低于或者少于对那些原始自然的情感呢？

一点也不。至少在我看来，它们是对当前全球环境变化的真诚、正常、恰当的反应。事实上，这样的情感往往在面对森林和山川越来越遭受危险的境遇时出现。我曾在一本关于田园文学的著作中详细探讨了这一思想（欧洲环境意识的出现）。[①] 请允许我用一个例子进行简要解释。

假设你有一位关系亲密的朋友，他是你非常亲近的人。但是，你们亲近密切的关系常常会妨碍你们的友谊，淡化友谊的重要性，这听起来似乎有点矛盾。由于你们彼此之间太熟悉了，也许是因为经常见面，所以很容易把彼此间的友谊想当然，从而看不见这份友情。不过，假如是因为疾病或其他什么原因，你面临着失去友谊

---

① Ken Hiltner, *What Else Is Pastoral*?（《真正的牧歌田园是什么》）.

的危险，这个时候，友谊就会突然成为你关注的焦点，你会意识到友谊对你是多么的重要。

当英国面对大规模丧失曾经一度相对原始的风景时，就发生了类似的情况。那是在技术现代性兴起之前，要丧失的风景位于伦敦郊区。如前所述，根据某些推测，从 1500 年到 1700 年，伦敦的人口增长了 10 倍，由于现代早期郊区的扩展（本·琼生在《致彭斯赫斯特庄园》一诗中所反对的），由于为了燃料而砍伐森林，莎士比亚时代伦敦周边的风景已经被大大改变了。当这一切发生的时候，伦敦的风景突然受到很多人的密切关注。在处于危机的关键时刻，伦敦的风景变得珍贵起来，就像前面假设的你的友谊，似乎是第一次意识到，你就要失去了。

正如我一直主张的，从很多方面来说，这是现代性的当前状态对于环境的预兆，是这些关注环境的个体身上明显表现出来的现代环境意识。当人们开始深切地感受到这种在随后 200 年里越来越普遍的丧失情感后，就开始走向农村，寻找那些还没有被猛增的人口和工业化所碰触的乡间风景。在英国，华兹华斯到了湖区。在美国，梭罗到了瓦尔登湖，缪尔则去了优胜美地山谷和其他地方。

从很多方面看，如果说这些人是第一次看到了自然，至少是我们现在所理解的自然，那是非常恰如其分的。因为其中一些人是作家和艺术家，是传达他们眼睛所见的真正大师，所以他们通过自己的眼睛，帮助我们看见了自然。

从这个新的角度看，他们可以一眼就看到森林和山川的价值（至少上一代没有以同样的方式看到），而且他们还通过清澈的眼睛，看到这些地方处于严重的危险之中。所以，华兹华斯极力阻止将铁路线修到湖区。那些追随他的人，比如比阿特丽克斯·波特（Beatrix Potter），也尽全力保护这个湖区不被开发。

我们今天面临着同样的情形，因为我们所处的位置可以让我们看到自然巨大的价值。随着这种环境意识的普及，我们还处于可以看到我们整个星球价值的位置。在我看来，这是环境思想中最具启蒙价值的东西，因为那是真正的全球环境意识。

不过，就如同《寂静的春天》和现代环境运动一样，如果没有梭罗以及像他那样的思想家，这样的全球环境思想可能不会这么蓬勃地兴起，或者至少不是以这样的方式兴起。因此，尽管我们会批评梭罗逃避离开了马萨诸塞州的洛厄尔及其所代表的技术现代性，但是我们不能忘记他的遗产，即他促进形成的环境意识，而且令我们感激的是，直到今天，这个环境意识仍然存在。

梭罗和华兹华斯所孕育提出的思想中存在的危险是，他们去践行了。欣赏喜欢自然是一回事，占有它则是另外一回事。

这样说梭罗和华兹华斯可能听起来有点严苛，因为他们各自在瓦尔登湖和英国湖区格拉斯米尔村（Grasmere）的生活留下的环境足迹相对来说都很少。但是，想一想那些数以千计的追随者吧（他们每个人手里都拿着一把借来的斧子，就像梭罗一样），所有那些人都汇聚在目前已成为瓦尔登湖州立保护区的335英亩[①]森林里，会是一幅什么景象。一旦他们为了建造小木屋而清理出数千个地块，那么瓦尔登森林就不复存在了。

从某种意义上看，这就是前面提到过的华兹华斯遇到的铁路线情况。1789年，华兹华斯和他的朋友塞缪尔·泰勒·柯勒律治合著的《抒情歌谣集》（*Lyrical Ballads*）出版，此后不久，他就搬到了风景如画的湖区。随着《抒情歌谣集》的出版，华兹华斯开始引起人们的注意，他本人走上诗人的道路，并在1843年达到事业的顶峰，成为英国桂冠诗人。华兹华斯在事业的初期缺钱花（这可能是他事业的主要动力），于是在1810年编辑出版了一本湖区旅游指南，书名很合适，叫作《游湖指南》（*Guide to the Lakes*）。由于这本

---

①1英亩约合0.4公顷。——编者注

旅游指南以及华兹华斯描述当地风景的浪漫主义的诗作，当然更是由于湖区绝美的风景，到了 19 世纪 40 年代，当地的旅游业蓬勃发展起来，促使人们提出建设一条通向湖区的铁路线。尽管华兹华斯反对，尽管他给一家当地报纸投稿写了一首慷慨激昂的诗并在诗中斥问：英国难道不能有一个角落不受到如此鲁莽的袭扰吗？湖区的温德米尔（Windermere）铁路线还是在 1847 年开通了。

华兹华斯逐渐认识到，对于自然的欣赏如果都付诸实践，就会带来令人不安的影响。美国的情况尤其如此，在过去 150 年里，由于这种对自然的喜爱，很多很多的乡村被极大地改变了。

梭罗和华兹华斯并不是凭空出现的。早在 17 世纪下半叶，约翰·弥尔顿和安德鲁·马维尔（Andrew Marvell）就在浪漫主义诗人之前开始赞美自然。[①] 这种情况一直持续到 18 世纪，其中著名的作品有詹姆斯·汤姆逊（James Thomson）里程碑式的诗作《四季》（*The Seasons*）。这种迷恋荒野的风气很快就传到了美国。在文学领域，梭罗的朋友和导师拉尔夫·沃尔多·爱默生（Ralph Waldo Emerson）发表了讴歌自然的超验主义运动宣言书，这就是标题贴切、简洁的文章《论自然》（"Nature"）。此前 10 年，美国第一家本土发展起来的艺术学校哈德逊河学校就推出了托马斯·科尔（Thomas Cole）引人注目的风景画，画中展现了纽约卡茨基尔山脉（Catskill Mountains）的自然风光。到 19 世纪中期梭罗在瓦尔登湖畔搭建小木屋的时候，美国已经有一大批赞美自然、喜爱自然的艺术家和作家。对于我们的故事来说，其中两位特别重要。

1841 年，安德鲁·杰克逊·唐宁（Andrew Jackson Downing）出版了《论景观园林理论与实践》（*A Treatise on the Theory and Practice*

① Ken Hiltner, *Milton and Ecology*（《弥尔顿和生态》）, Cambridge: Cambridge University Press, 2003.

of Landscape Gardening),广受欢迎并产生了很大影响,成为美国第一部系统、科学地论述风景设计的著作。不久,唐宁在 1845 年成为《园艺家》(*The Horticulturist*)的编辑,继续赞美乡村生活,与差不多同时期在瓦尔登湖畔隐居的梭罗所想象的生活方式很契合。在该杂志 1848 年发表的一篇文章中,他有可能在梭罗写的文字中提笔加上这样的注释:“自然和家庭生活比社会和城市生活好。因此,所有具备觉察力的人或早或晚、或部分或全部,都会从城市的混乱中逃离出来。”①

有一次去英国旅行,唐宁碰巧参加了卡尔弗特·沃克斯(Calvert Vaux)举办的水彩风景画展,于是就盛邀沃克斯来美国,与他一起搞风景设计,不再只是画画。他们两人合作设计了白宫和史密森学会(Smithsonian Institution)的建筑规划,当然还做了其他事情。在早期美国郊区建设最重要的建筑师名单中,他俩都榜上有名,而且皆不遗余力地赞美并促进郊区建设。后来,沃克斯直接协助开发了纽约、波士顿、芝加哥和其他地方的郊区。②

在《瓦尔登湖》中,梭罗详细叙述了蒸汽机车的轰鸣声如何反复不断地扰乱他宁静的乡村生活。正如我们看到的,再往前 10 年,在华兹华斯看来,火车也令人讨厌。不过,对于梭罗和华兹华斯所恐惧的,唐宁却热烈地欢迎。由于早期的大众交通多数都受限于行驶缓慢、乘坐不舒服的马拉公共汽车(最多乘坐 18 人),如果要想在一天内进出纽约和波士顿这样的城市,是不切实际的。但是,唐宁发现,铁路线可以“做一些既具有审美价值又具有实用价值的事”,因为它不仅可以运输货物,还可以把人运送到城外风

---

① Andrew Jackson Downing, *The Horticulturist*(《园艺家》), Ⅲ(1948), 10. 引自 Kenneth Jackson, *Crabgrass Frontier: The Suburbanization of the Unite States*(《草原边疆:美国的郊区化》), Oxford: Oxford University Press, 1985, p. 64。

② 在《草原边疆》(*Crabgrass Frontier*)中,杰克逊指出,唐宁、沃克斯和凯瑟琳·比彻是从 1840 年到 1875 年期间“在塑造美国对待郊区新态度方面发出最重要声音的人物”。不过,杰克逊还指出,比彻没有“特别论及郊区”(第 62 页),只是就她所设想的半农村场景下的天伦之乐提出了道德上的要求,因此在创造美国郊区方面,她的影响就没有唐宁、沃克斯那么大,也没有那么直接。

景如画的地方,所以就提出,"以前被迫居住在城市拥挤不堪街道上的成千上万的人,现在可以享受几英里之外的乡间别墅生活了。陈旧的时空观念几乎被改变了"。[①]

在《园艺家》和其他很多著作里,唐宁在梭罗等人的启发下,赞美自然和乡村生活,开始向美国兜售他的郊区建设规划。作为知名历史学家,肯尼思·杰克逊(Kenneth T. Jackson)非常明确地指出,唐宁不久就成为"最有影响的、将农村理想变为郊区理想的人物"。[②] 在英国乡村别墅的影响下,唐宁构想了宽敞的郊区住房,至少有5英亩的面积,每一处别墅都可以便捷地从市中心乘火车到达。尽管他最后缩小了他所设计的郊区别墅的面积(他的后继者进一步减少了面积),[③]不过他设计的住房规划却受到美国人民的广泛欢迎,在里面生活,就像住在欧洲贵族那样铺张、奢华的豪宅里。正如一位购买了唐宁式"房产"的业主所称道的:"很幸运,购买的房产有两三英亩大……这样的乡村别墅可以和德文郡公爵(Duke of Devonshire)的庄园媲美。"[④]

尽管唐宁在1852年英年早逝,但他的合作伙伴沃克斯接续了他的工作,将浪漫派诗人赞美的自然之爱在郊区变成了现实。沃克斯的妻子是哈德逊河学校的画家杰维斯·麦肯蒂(Jervis McEntee)的妹妹,沃克斯因而对乡村有着深深的爱恋,而且相信生活在他那个时代的人都有这种情感。他说:"几乎每个美国人都有着……对'乡村'的热爱。这种爱似乎出自本能,实现闲适生活和乡间田园或郊区别墅的可能成为一个梦想,不论面积大小,赋予成

---

① Andrew Jackson Downing, *The Horticulturist, and Journal of Rural Art and Rural Taste*(《园艺家与乡村艺术和品位》), *Volume* 3, Albany, NY: Luther Tucker, 1849, p. 10.

② Kenneth Jackson, *Crabgrass Frontier*(《草原边疆》), p. 63.

③ 正如杰克逊所指出的:"唐宁理想的郊区是:每个家庭住宅沿街的长度最少是100英尺,这大约是纽约附近房舍沿街平均长度的四倍。"Kenneth Jackson, *Crabgrass Frontier*(《草原边疆》), p. 65.

④ 西奥多·蒂尔顿(Theodore Tilton)的这番话被引用到多洛蕾丝·海登(Dolores Hayden)的 *Building Suburbia: Green Fields and Urban*(《建设郊区:绿色田园和城市增长》), New York: Vintage, 2004, p. 59。

千上万的工业劳动者以生活的热情。”[①]在出版于1857年的《公馆和别墅》(*Villas and Cottages*)中，沃克斯引用并应对拉尔夫·沃尔多·爱默生提出的挑战（源自1841年发表的著名论文《论自力更生》），设计了具有鲜明美国特色的住房，满足了美国气候、土地和人们的需要。[②] 顺便提一下，10年前，梭罗为了应对同样的挑战，开启了他的瓦尔登湖试验。沃克斯对唐宁设计的铺张的乡村别墅面积进行了压缩，在他的《公馆和别墅》一书中介绍了19世纪50年代在哈德逊河山谷建造的39套相对小一点的住房，认为那些住房满足了爱默生提出的挑战。我们可以想象一下，梭罗小木屋的面积只有沃克斯设计的这些郊区住房的极小部分。

正如历史学家杰克逊所指出的，由于唐宁、沃克斯等人，“到了19世纪50年代，随着城市人口的爆炸和使得城乡交通成为可能的新的交通模式的发展，对郊区进行统一规划就有了一个平台，可以建设与自然和谐相处的浪漫社区”。[③] 这个19世纪50年代正是《瓦尔登湖》出版前后的10年，只不过《瓦尔登湖》中有与自然和谐相处的自己的方式。梭罗的瓦尔登湖试验和同时期开始的美国人从城市向郊区的集体撤离是不同的（梭罗提出的简朴要求是另一个更为重要的不同点，虽然沃克斯也在更大的规模上称赞简朴的生活），虽然区分这些不同点很重要，但更重要的是两者都有把乡居作为美好生活的浪漫梦想。

唐宁去世几年后，沃克斯有了新的合作伙伴弗雷德里克·奥姆斯特德(Frederick Olmsted)，他也是唐宁的学生。沃克斯和奥姆斯特德合作设计的最著名的作品是纽约中央公园（我们会直接分析这个案例），此外还有16个城郊住宅区，比如纽约州的扬克斯、马萨诸塞州的布鲁克赖恩(Brookline)、芝加哥的河滨区(Riverside)

---

① Calvert Vaux, *Villas and Cottages*(《公馆和别墅》), Carlisle, MA: Applewood Books, 2011, p.27.
② Calvert Vaux, *Villas and Cottages*(《公馆和别墅》), pp.43-44.
③ Kenneth Jackson, *Crabgrass Frontier*(《草原边疆》), p.73.

等。尽管很多住宅单元面积更小了(一般来说每个单元的面积为半英亩),房子也更简朴了,但是这两位学生把他们老师郊区住宅的梦想实现了,而且是在美国实现了。

在这一过程中,他们促进了一个内涵明确的文化运动在未来150年的全球发展,这就是让数以亿计的人离开城市,奔向农村和想象中的自然。不过,这一运动最后却是在城郊实现了。

但是,我们的故事并没有在城郊结束,因为沃克斯和奥姆斯特德还鼓励人们大规模地亲近自然,而且是以对环境更为友好的方式。具有讽刺意味的是,尽管他们的目标是农村,但采取的措施完全指向了城市。为了理解这是怎么一回事,我们还是先退一步,回到莎士比亚时代的伦敦。

如前所述,伦敦在历史上有着鲜明的特征,是第一个人口达到百万的现代欧洲城市,大约发生在1800年。不过,甚至在此前两个世纪,伦敦市民就感受到了城市高速发展带来的困惑。1598年,也就是莎士比亚的《无事生非》(*Much Ado About Nothing*)首演的那一年,作家约翰·斯托(John Stow)注意到这样一个事实:尤其是在晴朗的日子里,伦敦市民会步行到城市周边的农村,到"芳香的草地和绿色的树林",为的是"以自然之美陶冶情操",嗅闻"花儿的清香",感受"鸟鸣的和谐"。但是,让斯托感到烦恼的是,到1598年,这样的出城享受越来越不可能了,因为城市周边的地区都被开发了,看起来像一个巨大的"连续建筑物"。[①]

那么,当时的伦敦市民怎样才能继续进入"芳香的草地和绿色的树林"呢?这个问题要到3个世纪后才能解决,因为市内建设了现代公园。一个早期的例子是伦敦的海德公园,那里曾经是女王伊丽莎白一世时期的皇家狩猎场,但是在1637年查理一世时期对公众开放了。这个公园占地面积630英亩,是纽约中央公园面积

---

① John Stow, *A Survey of London*(《伦敦概览》), intro. And notes by Charles Lethbridge Kingsford, Oxford: The Clarendon Press, 1908, Ⅰ, p.98, 127. 我根据现代拼写要求进行了改写。

的四分之三，使得伦敦市民再也不用离开城市就可以在草地和树林里漫步了。

在整个17世纪和18世纪，随着伦敦人口往100万上增长，很多皇家土地被改成了公园。现在，尽管伦敦跨越原有的中世纪城墙向外扩展，但是多数伦敦市民走不多远就可以到达一个绿色的空地。最初，这些地方留下来仅是为了当作田野和森林，是从前供皇家打猎而保护起来的鹿和其他动物的家园。不过，随着时间的推移，这些地方逐渐被改变为面向更多民众的公园，里面精心修建了道路等设施。海德公园的第一期重大风景改造项目完成于18世纪30年代，包括挖凿了一个占地40英亩的娱乐湖，名字叫九曲湖（Serpentine Lake），即便在今天依然很有魅力，广受欢迎。

随着城市的发展，市内公园也不断扩大，同时还随着公众对花园与风景审美情趣的转变而不断改变和演化。欧洲花园正式写入历史大致始于意大利文艺复兴时期，造型繁复，又呈规则的几何图案。这种风格的花园后来被移植到法国，最具代表性的就是凡尔赛花园，始于16世纪。这种花园有着精心修剪的篱笆、精致的盆景和一排排对称的花坛，在今天的我们看来，与其说是自然的，不如说是人造的。不过，人们喜爱自然的情感从18世纪就已经出现了。

我们一直在讨论的人们对荒野日益增长的迷恋从某种意义上说始于17世纪，并很快进入到花园设计领域，最后以“英式花园”的范式达到顶点。在整个18世纪，英国安妮女王的御用园艺师查尔斯·布里奇曼（Charles Bridgeman）以及设计了150座公园的“能人”兰斯洛特·布朗（Lancelot “Capability” Brown）等英国风景设计师，实现了从意大利文艺复兴和法国花园的整齐划一，向看起来更像荒野的风景的转变。对于荒野，欧洲人越来越心向往之，而不再是退避三舍。到了19世纪中期（我们一直在讨论的唐宁、沃克斯、奥姆斯特德以及梭罗等人所在的时代），一直为西方世界所模仿的英式花园已经从豪门庄园走向了城市,在市内公园找到了新的安家之地,公园也因此变得越来越"自然"了。

唐宁游览了海德公园和伦敦其他"巨型花园,那是人口聚集的城市中绝对的森林和草原",其后,他总结道:"纽约要建的公园一定不能留下遗憾……在伦敦的公园里,你可以想象你是在乡村深处。"[①]由于唐宁的风景设计论文《论景观园林理论与实践》及其编辑的《园艺家》的成功,他在19世纪40年代末已经成为纽约很有影响的人物。出于对环境的忧虑,唐宁开始呼吁在纽约建造一个大公园。本着英式公园的设计理念,他想象中的公园要有鲜明的乡间特色。当时,与他同声相应、同气相求的是美国最著名的自然主义作家之一、《纽约晚报》知名编辑威廉·卡伦·布莱恩特(William Cullen Bryant)。唐宁还没有实现他的这个梦想就去世了,但是他的门徒沃克斯和奥姆斯特德在1858年联手向市政府递交了后来成为纽约中央公园中标设计方案的公园建设规划。这个设计方案的中标也标志着沃克斯和奥姆斯特德长久而富有成效的合作关系的开始。

曼哈顿彻底颠覆了传统城市的模型,它不像中世纪的城市那样是乡村环绕着城市,而是城市环绕着乡村。尽管伦敦等现代早期的城市探索了这一模式,但是曼哈顿岛简直就是唐宁思想的完美体现,特别是如果从空中鸟瞰,其市中心有一个面积很大的公园。这个公园的设计理念可以追溯到《瓦尔登湖》出版的那个时代,这并非偶然,因为沃克斯和奥姆斯特德(以及布莱恩特、科尔和其他很多人)所受的影响,与梭罗所受的影响是相似的。纽约中央公园同样承袭了对荒野的迷恋,我们通常把这种迷恋与超验主义者以及浪漫派诗人联系在一起。

不过,梭罗和华兹华斯是逃离城市奔向农村,而沃克斯和奥姆

① Andrew Jackson Downing, *The Horticulturist*(《园艺家》), Vol. V, No. 4, October 1850.

斯特德是在市中心创建了一块绿地，借用缪尔的话说，就是“数千名身心疲惫的、神经紧张的、过度文明化的人”蜂拥而去欣赏自然的地方。奥姆斯特德也写下了类似的话，他相信，将荒野引入城市是必需的：“对人的健康和活力大有好处……不仅带给人一时的愉悦，而且会提高相应的幸福指数和获得幸福的能力与途径。”①

如果设计恰当，这样的公园真的能提高人们对自然的体验。沃克斯和奥姆斯特德受到哈德逊河学校绘画的影响，该校位于哈德逊河流域的中心，与纽约城有着同样的生物区。因此，他俩设计了美丽、迷人的风景，与哈德逊河派的艺术家（该画派在19世纪50年代达到顶峰）当时的画作有异曲同工之妙。从某种意义上说，甚至把沃克斯和奥姆斯特德称作哈德逊河派艺术家都不为过，因为他们也是在创作“风景”，尽管不是用画笔，而是将当地的景观设计成风景，就像他们当地的画家朋友用笔描绘出的风景一样。

沃克斯和奥姆斯特德是荒野建筑师，对人们所经历的荒野进行规划设计，从而摒除了曾经威胁中世纪欧洲人的森林和山峦所带来的危险。再也没有凶恶的野生动物或“怪异、恐怖、可怕的悬崖”了（借用17世纪旅行家约翰·伊夫林的话），再不会有人坠崖而死了，只有美丽、迷人的自然。

现在，欣赏那些激发荒野画作的自然风景，人们不必去城外了。纽约中央公园就将摄人心魄的真实自然风景带到了城市里。当然，你可以反对，说这一切有点离奇。尽管如此，这种做法还是有很重要的环境优势。

由于沃克斯和奥姆斯特德富有激情的设计，中央公园既在城市里提供了一片荒野之地，也保护了城外的地方。早在美国的城郊发展之前，人们就知道，热爱自然的城市居民会对周围的环境造成伤害。作为莎士比亚同时代的人，约翰·斯托指出，伦敦居民喜

---

① Frederick Olmsted，“Yosemite and the Mariposa Grove：A Preliminary Report”（《优胜美地和马里波萨森林：初步报告》），1865，p. 20. 奥姆斯特德在此报告中讨论的是优胜美地山谷。

欢白天去郊外农村，并且说，那些城里人在乡村特别不受欢迎，因为他们踩坏了庄稼，留下了“污秽”和“垃圾”。[①] 当有人因而建议城里人应该待在城市的时候，那些白天出城的人就发生了骚乱。[②]几年以后，本·琼生认为，那些在乡村住下来并建了房子的人，造成的破坏更大，也更长久。[③]

城市公园一个显而易见的好处是：它将人们离开城市的欲望引向了城市本身，并使之在沃克斯和奥姆斯特德那里得到了满足，他们两人通过景观设计将迷人的自然风景带到了城市里。在一种理想的形式中（理想形式是指城市被自然形成的护城河包围着，曼哈顿在这方面还算马马虎虎吧），市民每天步行就可以在城市里欣赏绿色的空旷之地。但是，唐宁富有洞见的认识催生了现代郊区，公共交通的发展极大地改变了城市建设公园的状况。在进一步讨论城市之前，我们还是停下来思考一下，这对于欣赏自然意味着什么？

在1991年出版的有关华兹华斯的标志性环境读物《浪漫主义生态学》（*Romantic Ecology*）中，乔纳森·贝特（Jonathan Bate）指出：“威廉·华兹华斯寻求让他的读者更好地享受生活或者更勇敢地忍受生活的做法，是教导他们去看看自然世界，并到自然世界中生活。”[④]梭罗的态度也是如此。但是，问题在于，比华兹华斯更进一步的是，贝特同时看到了人们去“看看荒野并到荒野中生活”的欲望。在过去几百年里，看看荒野和到荒野中生活这两种欲望在很多人心里反复地交织碰撞（具有讽刺意味的是，其中很多人还是环境主义者和自然爱好者），所以，从环境的角度看，将这两种欲望分开变得格外关键。

---

① John Stow, *A Survey of London*（《伦敦概览》），Ⅱ，p.77.

② John Stow, *A Survey of London*（《伦敦概览》），Ⅱ，p.77.

③ 见我在《真正的牧歌田园是什么》（*What Else Is Pastoral?*）中对本·琼生《致彭斯赫斯特庄园》（“To Penshurst”）一诗的解读。

④ Jonathan Bate, *Romantic Ecology*（《浪漫主义的生态学》），Abingdon：Routledge，1991，p.4.

梭罗、华兹华斯及其同时代的人所培育起来的对荒野的热爱，在环境保护方面有着积极的意义。正如我们在谈到蕾切尔·卡森时所指出的，如果我们不珍爱自然，就不会保护自然。直接体验自然在推动我们保护自然方面会产生预期的效果，那些正面反映自然的作品，也能达到这个效果。比如《瓦尔登湖》之于瓦尔登湖的保护，哈德逊河画作之于哈德逊河及其流域的保护，这些已经得到实践的证实，不断地推动人们加入环境保护运动事业当中。

因此，不论是荒野还是代表荒野的风景，都可以既培养人们欣赏荒野的能力，也可以激发人们对荒野的保护。景观建筑很有魅力，因为它把这两种欲望融合在了一起。比如景观设计师沃克斯和奥姆斯特德创造了可以代表荒野的风景，不仅鼓励公众进行欣赏，还鼓励他们走进来逛一逛（特别是也看看那幅哈德逊河画作）。[①] 正如乔纳森·贝特所言，华兹华斯也鼓励我们到乡间"看一看，住一住"。问题是，你一旦走进乡间，就冒着践踏它的危险，更不用说住一住以及在那里建一幢房子了。在莎士比亚时期的伦敦，约翰·斯托已经注意到了这个问题。

华兹华斯是在他生命的最后 10 年才强烈关注这个问题的，他似乎看到满载着热爱自然的城市居民的火车不断地驶向他深爱的湖区。当意识到正是他的湖区诗作和游览指南才将那些人引到湖区，他的文字成为鼓励人们蜂拥而来的明灯，可以想象华兹华斯的内心是多么的悲凉。

在整个 19 世纪和 20 世纪，像梭罗的《瓦尔登湖》以及哈德逊河绘画那样的作品在全世界所起到的作用是一样的，即促使数以亿计的人们离开城市，去追寻乡村生活。具有讽刺意味的是，在过去 150 年的时间里，这些现代环境保护运动的标志性先驱，在对环境造成最大破坏的一些运动中，却发挥了一定的作用。当然，难辞

---

① 顺便说一下，奥姆斯特德是第一个声称具有"风景设计师"这一头衔的人。

其咎的不只是这些，还有那些有着良好主观愿望的作品，比如缪尔、华兹华斯以及数以千计的作家、音乐家、艺术家和其他有影响的思想家的作品，这些作品虽然讴歌自然，赞美乡村生活，但在这个过程中不经意间加速了自然的衰亡。

沃克斯和奥姆斯特德设计了不少城郊住房开发项目，所以在那个运动中也发挥了直接的作用，特别是他们设计的广为人知、景观漂亮的住宅小区已经成为城郊居住的金牌广告。不过，两位设计师还建造了城市绿地，比如纽约中央公园，为不出城市而能亲近自然提供了一个独特的平台。从那个意义上，他们对梭罗和华兹华斯所引领的"看一看，住一住"的自然观进行了拆分。经过认真的探索和设计，在城市里体验自然、欣赏自然，现在已经成为可能。由于公园里的道路很耐磨（多亏是石径那样的步道），而且规划得非常用心，所以损坏被降低到最低程度。诚然，你不能留在那儿，不能住在那儿，不过，如果你喜欢，想去多少次就去多少次。如果你高兴，可以每天都去。

当然，纽约的中央公园并不是没有问题。城市规划者比如已故的珍·雅各布斯（Jane Jacobs），几十年前就呼吁人们关注这一点。[①] 现在，城市绿化的新方式，比如纽约的高线公园和城市农场等，依然在不断推出。尽管如此，市内公园鼓励人们往正确的方向行动，那就是回到市中心，远离城郊区。

问题在于，梭罗以及后来数不胜数的环境保护运动分子将欣赏自然的欲望与出城看自然的疾呼混淆在一起，更为严重的是，还要把家搬过去。华兹华斯在晚年认识到了这个问题及其严重性和危险性，但是已经无能为力了。唐宁提出了通过铁路线将地广人稀的郊区连起来的构想，同时又号召建设更多更大的市内花园，10年后，他的学生沃克斯和奥姆斯特德受此鼓舞，在两个方面都进行

---

① Jane Jacobs, *The Death and Life of Great American Cities*（《美国伟大城市的生与死》），New York：Modern Library，1961，p. 351 and elsewhere.

了实践。具有讽刺意味的是，这两项实践一个是走向城市的郊区，一个是回到城市的中心，把自然带进来。

现在看来，我们既要表扬他们，也要批评他们。不过，在今后的150年里，很多环境保护主义者同样会感到迷惑和矛盾，这种迷惑和矛盾的思想会在全球产生深远的影响。为了理解这是怎么一回事，我们需要将城市与郊区的环境足迹进行比较。不过，我们首先还是弄清楚"环境"和"自然"的含义到底是什么。

自然之所和非自然之所

“自然”(nature)、“环境”(environment)和“生态学”(ecology)这3个术语尽管有时可以相互替代,但有着不同的含义。由于它们常常被混淆,不时带来令人疑惑的影响,所以我们首先花点时间来厘清它们各自的含义。我们就从3个术语中最晚出现的“生态学”开始吧。

人们曾一度认为这个词是梭罗造的,[①]不过学者们现在认为,德国科学家恩斯特·海克尔(Ernst Haeckel)在1866年谈到生物学的时候最先使用了“生态学”这个词。生物学主要是研究生命的科学,从传统上说,侧重于研究单个生物体及其生理学、形态学等内容。但是,如果我们要讨论生物体之间及生物体与其栖息地之间的关系,那么该使用什么术语呢?海克尔就创造了“生态学”这个词,因为现有的词汇中没有一个能恰当地表达生物体之间的复杂关系。当我们谈论一个地区的生态,即一个地区的“生态系统”(“生态的系统”的简称)时,我们指的是生活在那儿的所有相互关联的生物体。海克尔有点随意地用两个古希腊词语合成了“生态学”这个词。这两个古希腊词语是oikos和logos,前者的意思是“房子”,后者的意思是对什么东西进行研究。使用房子这个意象来表

---

①《牛津英语词典》中的“ecology”(生态)词条认为:“梭罗1858年在一封信中建议使用‘ecology’(生态),不过,那是对‘geology’(地质)一词的误用。”见《科学》(*Science*),1965年8月13日,第707页。另见《梭罗研究会简报》(*Bulletin of the Thoreau Society*),1973年第123期,第6页。关于“生物学”(biology)的定义,见《牛津英语词典》第2卷,第2页。

示生态确实有点不怎么妥当,特别是考虑到希腊词汇中有不少表示“地区”的词。但是,如果不苛求的话,想一想不同种属的生物体共同生活在它们的家里(它们的生态系统),也是一个富有启示意义的画面。由于强调生物个体的生物学及其与其他生命之间的生态关系是相互关联的,近几十年来,很多大学的生物系都更名为生物和生态系(或者类似的名字),目的就是强调他们既研究生物,也研究生态。

比“生态学”这个词早两个世纪出现的是“环境”。随着时间的推移,“环境”这个词的词义演变了很多,当然它最早的义项之一“周围”一直延续到今天。我们谈到环境的时候,一般指的是周围的物体,包括山川、河流、大气等。尽管环境里有生物,但并不是仅限于生物。所以,尽管火星上没有任何生命(至少是在我写这本书时,我们知道上面没有生命),我们依然可以说“火星环境”。不过,我们说起环境的时候,一般都包括其生态系统,因为地球上的每一个环境里,几乎都有生命。环境可以大,也可以小;可以指一个特定的地区,也可以指整个地球;可以是任何没有人类痕迹的原始状态的地区,也可以是我们通常所说的“建成环境”(built environment),比如农场或城市。

生态系统和环境都可能遭到破坏。蕾切尔·卡森在《寂静的春天》里把“生态”这个词介绍给美国民众,主要分析了滥用杀虫剂所造成的生态灾难,这种灾难威胁了众多的生态系统及生活在其中的生物体。与此不同的是,阿尔·戈尔(Al Gore)的《难以忽视的真相》主要反映气候变化问题,介绍了大气和气候的变化对环境状态的影响。不过,将生态和环境问题分开是不可能的(或不可取的),因为两者是相互联系的,气候变化在全球尺度上影响生态系统,当然,气候变化也受生态系统的影响。尤其是,当提到生态系统时,我们常常指的是其所存在的环境,比如海洋生态系统。

由于“环境”的含义很宽泛,涵盖周边的区域及其内部的生态系统,它已成为表示这个领域以及在这个领域进行研究的人更常使用的词语。所以,我们把卡森和戈尔称为环境学家,而不是生态学家。生态学家这个词现在经常用来指研究生态的科学家。(不过,卡森拥有动物学硕士学位,所以她既是环境学家,又是生态学家。)

自然是更古老、更复杂的概念。几年前,我受邀为一部百科全书撰写"自然"这个词条,[①]哪知道这是个极其困难的活儿。其原因正如文学史家雷蒙德·威廉(Raymond Williams)曾经说过的:"任何一个版本的关于'自然'利用的全部历史,都是人类思想史的主要组成部分",因为"'自然'也许是最复杂的一个词",代表着英语语言中最复杂的概念之一。[②] 其他学者说,这个词有60多个明确的义项。[③] 正是因为这个原因,当被要求用不多于6页的篇幅来为百科全书撰写"自然"这个词条并进行简明解释时,我感到十分惊讶。

自然这个词的核心概念来源于古老的印欧语系中的两个单词:bheue(出现)和gen(生长)。这两个单词分别衍生为希腊语的physis(产生)、拉丁语的natura(自然)和古英语的cyn(种类),后来又先后被我们借用,形成了一大批英语单词,包括physical(物理的)、physics(物理)、physician(医生)、neophyte(新引种植物)、gene(基因)、genital(生殖器)、genesis(起源)、gender(性别)、genre(类型)、progeny(后裔)、pregnancy(怀孕)、kin(亲属)、kid(孩子)、kindred(亲属关系)、nascent(出生的)、natal(先天的)、innate(固有的)、nation(国家)以及很多其他词语,当然也包括nature(自然)。[④]

---

① 见我在《普林斯顿诗歌和诗学百科全书》(*Princeton Encyclopedia of Poetry and Poetics*, Princeton, NJ: Princeton University Press, 2012)中所撰写的词条"nature"(自然)。

② Raymond Williams, *Keywords: A Vocabulary Of Culture and Society*(《关键词:文化和社会》), Oxford: Oxford University Press, p. 186.

③ A. O. Lovejoy and G. Boas, *Primitivism and Related Ideas in Antiquity*(《古代的原始主义及相关思想》), Baltimore, MD: Johns Hopkins Press, 1935.

④ Ken Hiltner, *What Else Is Pastoral?*(《真正的牧歌田园是什么》), p. 14.

如果非要弄清楚我们所说的“自然”到底是啥意思，那是很容易陷入困惑的。不过，就我们的目的而言，很多人在想象自然的时候，脑海里往往会首先涌现出一个特定的含义。从现代环境的角度看，这个含义让所有其他义项都相形失色。可以说，从现代意义上看，自然这个词首先出现在350年前约翰·弥尔顿的史诗《失乐园》中。（您可能还记得，我在导论中说，我对这首长诗有一份特别的迷恋，其对自然的态度是我喜欢它的部分原因。）根据权威的、备受信赖的《牛津英语词典》的简明释义，自然一词的这个含义是“物理世界现象的总称，特别是植物、动物和地球上的其他现象及物品，与人类和人类制造的东西相对”。[①] 弥尔顿之后，一代又一代的作家和艺术家，包括威廉·华兹华斯、亨利·戴维·梭罗、约翰·缪尔等，都是从这个意义上来谈论自然的（弥尔顿等人经常把“自然”的首字母大写，写成N），而且往往带着深深的敬意。

当说起自然诗歌、自然之爱或者自然崇拜时，我们常常指的就是自然的这个义项。（附带提一下，“自然热爱者”这个词第一次是用来描述梭罗的，“自然诗歌”和“自然崇拜”的第一次使用与华兹华斯有关。[②]）当我们说起拯救、保护或保卫自然时，我们使用的也往往是这个义项，因为自然被想象为独立的，是与我们分离的，需要大家拯救的。

在这样的图景中，人类是从哪儿介入的呢？这个问题让事情变得复杂了。自然与人类及人类的创造物截然不同，我们常常把人类创造的东西归入“文化”或“艺术”的大筐子里。从传统上看，文化和艺术在我们的想象中是与自然对立的。所以，从这个意义上，我们人类以及人类创造的一切东西，从最简单的工具到最伟大的艺术品，甚至于我们的文化本身，通常来说，都在自然的含义之

---

① 见《牛津英语词典》词条“nature”（自然）I. 11a。《牛津英语词典》倾向于认为，这一义项是从中世纪文学比如乔叟的作品中发展起来的。但是，我认为，这个词的义项是在弥尔顿的使用下全面发展起来的。

② 见《牛津英语词典》“nature”（自然）的合成词：Thoreau（梭罗）C3，Wordsworth（华兹华斯）C4. b。

外。当我们把山川和森林看作自然但不包括城市和工厂在内的时候,我们通常也是在这个意义上想象自然。

当环境保护主义者谈论自然的时候,他们常常也是在这个意义上思考自然。比尔·麦克基本(Bill Mckibben)在论述"自然的终结"时,采用的就是自然的这个义项。

> 当我说我们终结了自然时,很显然,我并不是指自然过程停止了,那儿依然有太阳,有微风,有生长,有凋零。就像植物呼吸一样,光合作用依然继续。但是,我们已经终结了那个与人类社会相对立的自然,至少是在现代,我们终结了那个被我们定义为自然的自然。[①]

人类活动既没有带来"太阳"和"风"等环境的终结,也没有造成"生长……凋零……光合作用……(以及)植物呼吸"等所有生态系统的终结。但是,由于麦克基本认为(并痛悼)地球上再也找不到一块不受人类影响的地方,所以,独立开来的、与人类相对立的自然,被我们消灭了。相应地,如果不是他的书已经出版,作为书名,《自然的死亡》(*The Death of Nature*)可能从很多方面讲都比《自然的终结》(*The End of Nature*)要恰当些。如果说自然死亡了,那么我们人类就是那个无情的杀手。

麦克基本认定,自然和人类文化是各自独立的并相互冲突的(不少环境保护主义者也持这个观点),这一看法当然需要质疑。不过,就现在来说,我们已经区分了"自然""生态"和"环境"的通常用法,这就足够了。做到这一点,很多问题就变得明朗了。

关心自然,关心环境,关心生态系统,可能会有很不一样的内容,采取完全不同的形式。比如,如果我们的兴趣在于自然,也就

---

① Bill McKibben, *The End of Nature*(《自然的终结》), New York: Random House, 1989, p. 55.

是人类从来没有触碰或者鲜有涉足的地方，那么，我们对于其他环境比如城市持什么样的立场呢？我们是否也应该关心它们？或者关心的一样多吗？对于这个问题，有些自然保护团体常常斩钉截铁地给出否定的回答（即便不是通过语言明确地表达出来，也是通过行动来表达），因为他们几乎把全部的注意力和能力都聚焦于保护被人类侵蚀的地区。广义上说，考虑到他们是环境保护团体，主要是关心自然（前面所说的那个意义上的自然），所以可以给他们贴上“自然保护者”的标签，这样可能更准确些。为了进一步厘清这种差别，可以分别把美国环保署（EPA）和美国大自然保护协会（The Nature Conservancy）当作环境保护团体和自然保护团体的代表。

尽管美国环保署是1970年才正式成立的，但是在整个20世纪60年代，美国就颁布了一批具有里程碑意义的环境法案，包括1963年的《清洁空气法》、1965年的《清洁水法》以及《固体废物处理法》。美国设立环保署的目的，是“通过一个机构来强化各种联邦研发、监测、标准制定以及执法活动”，处理这些和其他的往往相互交叉的环境事宜（比如如果不进行恰当的处理，固体废物会污染水供应）。[①] 值得注意的是，这些法案没有一个仅仅聚焦于不受人类侵蚀的地区，而是恰恰相反，美国环保署通过执行这些法案，促进全美国范围内所有地区的环境保护（而且由于气候变化问题的凸显，还关注整个地球的环境）。所以，美国环保署的职责是保护城市、郊区、森林以及其他一切环境福利，包括但不限于“自然”。[②]

与此形成对照的是，大自然保护协会把自己定义为“自然保护的领导组织，在全世界保护那些对自然和人类具有重要生态作用

① 引自美国环保署门户网站，http://www2.epa.gov/aboutepa/epa-history，2013年5月14日。

② 2010年1月，美国环保署署长丽萨·P. 杰克森（Lisa P. Jackson）明确了“环保署未来的七大重点”，分别是：应对气候变化、改善空气质量、确保化学品安全、净化我们的社区、保护美国的水资源、扩大环境保护和实现环境公平、建设强有力的国家与部落合作关系。引自美国环保署门户网站，http://www2.epa.gov/node/19701，2013年5月14日。

的陆地和水域”。[1] 那么,“具有重要生态作用的陆地和水域”都包括什么呢？如果只是瞥一眼这个组织在世界范围内曾经保护过的1.19亿多英亩的土地,就会发现大部分都是前面所说的那个意义上的“自然”,这一点也不奇怪。在美国,自然保护项目包括伊利诺伊州的纳丘萨草地(Nachusa Grasslands)、北蒙大拿草原(Nothern Montana Prairies)、科罗拉多州的大沙丘国家公园(the Great Sand Dunes National Park)、爱达荷州的森林风景修复合作项目(Collaborative Forest Landscape Restoration Program)、怀俄明州的阿布萨罗卡山岭(Absaroka Mountain Range)等。正如该协会所言,在美国,“从加拿大到墨西哥,从加利福尼亚到缅因,大自然保护协会在为未来保护自然和生命方面取得了一系列的成功”。[2]通过其提出的“最后的胜地”(Last Great Places)计划,大自然保护协会虽然强调保护“那些被人类开发利用的缓冲地带所包围的核心保护区”,但是从历史上看,其保护的重点通常来说还是那些“最后的胜地”,那里的自然在很大程度上都是与人类隔绝的,即便不是都保护得很好,也还是可以的。[3]

显而易见,大自然保护协会等团体的工作非常重要,应该受到鼓励。但是,正如其名字所显示的,它们在传统上一直都是自然保护团体,而不是像美国环保署那样有着更宽泛的环境兴趣。因此,它们只是最近才开始较多地关注城市地区。[4]

生态是怎样引起人们关注的呢？回答这个问题的一种方式是

---

① 引自大自然保护协会门户网站,http://www.nature.org/about-us/index.htm,2018年3月9日。

② 引自大自然保护协会门户网站,http://www.nature.org/ourinitiatives/regions/index.htm,2018年3月9日。

③ 1991年,大自然保护协会发起实施“最后的胜地”计划,主要内容是:“推动人和环境的合作,加强跨国联合,投入三亿美元,让人成为解决方案的一部分,从而在更大规模上保护生态系统。”这一计划以那些被人类开发地带所环绕的核心保护缓冲区为重点。引自大自然保护协会门户网站,http://www.nature.org/about-us/vision-mission/history/index.htm,2018年3月9日。

④ 正如大自然保护协会等团体在其门户网站上所说,2013年,大自然保护协会“开始开发一种基于科学的大自然基础设施评估工具,帮助城市了解和评价大自然基础设施在促进大自然可持续性和可恢复性方面的诸多途径”。http://www.nature.org/ourinitiatives/regions/northaerica/unitedstates/urban-strategies.xml。

进一步思考像大自然保护协会那样的组织会选择保护哪些地区。最近,大自然保护协会的网站上贴出了美轮美奂的大自然照片,通常情况下这些照片中没有人的身影。这就很容易令人得出结论,大自然保护者选择保护这样的地区,只是看重了其对人类的美学意义和其他价值。从前,情况大抵是这样。

1864年,美国南北内战依然打得不可开交,亚伯拉罕·林肯(Abraham Lincoln)签署了保护优胜美地山谷的法案,该山谷后来演变成为美国第一个荒野公园(尽管直到1890年优胜美地法案出台以后才正式成为国家公园),供"公民使用、度假和娱乐"。[①] 今天,多数环境保护主义者会把这些做法看作是一种以人类为中心的利用,因为它们把公园对人类的价值摆在了中心位置。但是,大自然保护协会把自己的工作描述为保护"生态重要的陆地和水域",而不是那些风景优美或对娱乐有用的地区。为什么强调"生态"重要?在《寂静的春天》里,蕾切尔·卡森简明扼要地解释了生态重要是什么意思。

> 这一问题对我们每个人来说,正如同对密歇根州的知更鸟或对米拉米琪(Miramichi)的鲑鱼一样,是一个互相联系、互相依存的生态问题。我们毒杀了一条河流上的石蛾,于是鲑鱼就逐渐减少和死亡……我们向榆树喷洒了农药,于是在随后的春天里就再也听不到知更鸟唱歌了。这不是因为我们直接向知更鸟喷了药,而是因为这种毒药通过我们现在已经熟知的榆树叶—蚯蚓—知更鸟这一食物链一步步地向上传递。这些事故都是有记载的,是可以查得到的,是我们周围可见世界的一部分。它们反映出了生命或死亡的联系之网,科学家们把它们称作生态。[②]

---

① Jeffrey P. Schaffer, *Yosemite National Park: A National History Guide to Yosemite and Its Trails*(《优胜美地国家公园:优胜美地自然历史指南及其步道》), Berkeley, CA: Wilderness Press, 1999, p. 48.

② Rachel larson, *Silent Spring*(《寂静的春天》), p. 189.

不过,杀虫剂不是生态系统所面对的唯一危险。如果看起来不怎么重要的石蛾丧失了其栖息地,那么整个生态系统就会受到破坏,包括鲑鱼种群。因此,保护重要的栖息地,也就是大自然保护协会所描述的"重要的陆地和水域",从生态角度看,是非常关键的。

尽管我们已经厘清了"自然""环境"和"生态"的含义,还有第四个术语,在我们的讨论中也很重要。事实上,非常重要,如果不借助于它,本书最后的几页内容就很难写出来。它就是荒野(wilderness)。

"wilderness"这个词在语源上与"wildness"(野性、荒蛮)有关。两个词有相同的地方。比如,野生动物就是没有被驯服或驯养的动物,荒野之地就是荒蛮的地方。所以,当我们在这个意义上使用荒野一词时,它就是一个依然存在着自然的地方。不过,"自然"和"荒野"并不等同,因为有些自然的东西并不必然是荒野的。人们常常把被基因改变的植物称为"非自然的",目的就是将它们与"自然的"植物区分开来。因此,荒野通常指的是某种自然状态,是一个次类,是一处可以想象为被允许维持自然状态的风景(用弥尔顿的话来说,是人类没怎么碰触的地方)。

正如我们所看到的,随着时间的推移,我们对荒野的看法发生了改变。在中世纪和文艺复兴时期的欧洲,荒野并不必然被认为是一件好事,而是常常被看作危险的、预感不祥的地方,与沙漠差不多。从 17 世纪到 19 世纪,这一看法发生了巨大的转变,当时有相当一批人包括梭罗和缪尔,都把荒野看作是宝贵的,受欢迎的。这一看法现在依然存在,而且还很流行,在公众的想象中还没有被其他的新想法所替代。

当自然被以赞许甚至是崇敬的口吻提及时,常常是指的它的次类,也就是荒野。荒野在很大程度上已经成为自然的代名词,以至于这两个术语往往互相替代,而这会引起混乱。

当比尔·麦克基本谈到"自然的终结"时,他反复地阐述荒野。

他把他生活的地方阿迪朗达克斯(Adirondacks)描述为"一个巨大的被保护起来的荒野,人们居住其间,周围环绕着人的创造物"。[①]人类活动引发的大气变化(进而是气候的变化)造成了威胁,将终结这个荒野。同样,"从我后门外面的山上,"麦克基本写道,"你看不到一条路或一所房舍,那是一个远离人类的世界。但时不时地会有人走到山谷深处伐木,链锯尖厉的声音充斥整个树林,""会一扫你的好情绪,不再感到你是在一个与世隔绝的、永恒的荒野里。"[②]

尽管麦克基本想的是讨论自然及其终结,其实,他反复说到的是自然的次类,也就是荒野和荒野的丧失。因此,就他的书而言,"荒野的终结(或荒野的死亡)"可能是更好的书名。同样,尽管从名字中你想象大自然保护协会的职责会是保护自然,其实它的工作在传统上一直都是保护荒野,保护那些"最后的胜地"。

这些区别为什么这么重要呢?我们保护荒野的时候不也是在保护自然和地球环境吗?事实上,保护荒野是否是保护我们地球环境最有效的方法,现在一点都不清楚。

荒野只是我们全球环境的一部分。我们的地球,至少有四分之三的面积已经毫无疑义地受到了人类行为的改变,所以再也不是荒野了,[③]或者,就是因为这个原因,不再是"自然"的了。可想而知,这些"人为生物群落"(一个生物群落就是一个很大的生态系统,一个人为生物群落就是一个被人类大大改变了的生态系统),应该从环境的角度得到更多的关心。比如,如果我们对导致气候变化的温室气体排放感兴趣,那么,这些人为生物群落正是我们要给予很多关注的地方。

---

① Bill Mckibben, *The End of Nature*(《自然的终结》), p. xxii.

② Bill Mckibben, *The End of Nature*(《自然的终结》), p. 40.

③ E. C. Ellis and N. Ramankutty, "Putting People in the Map: Anthropogenic Biomes of the World"(《把人类放在地图上:世界上因人类活动而产生的生物圈》), in *Frontiers in Ecology and the Environment*(《生态和环境前沿》), 6(2008), pp. 439-447.

换句话说,如果我们关心我们的全球环境,我们需要像关心自然地方一样,立场坚定地关心那些“非自然”的地方(比如城市)。事实上,在有些情况下,按理说,还要给予更多的关心,因为有些城市是地球上最“非自然”的地区之一,那些地区的环境被人类改变得最严重。明白了这一点对于我们将关注的焦点转向城市很有帮助。

最近一些年,戴维·欧文(David Owen)、爱德华·格莱泽(Edward Glaeser)等人已经注意到这样的事实:城市(曼哈顿是经常被引用的例子)的环境相对来说更为绿色。戴维·欧文在他的《绿色都市》(*Green Metropolis*)中一开始就以他个人的经历巧妙地解释了这个问题:

> 我和我的妻子在1978年大学毕业后就结婚了。我们那时还很年轻,很天真,满脑子都是理想主义,我们决定把我们的第一个家安在纽约州一个有着乌托邦环境的社区。七年来,我们对生活的环境比较满意,但那个环境可能会让多数美国人觉得是过于简朴的。因为,我们的住房面积只有700平方英尺,没有草坪;我们没有烘干机,也没有汽车。我们去买菜都是步行,如果需要出远门,就使用公共交通。因为家里的空间太小,所以我们很少买大件的东西。我们的电费是每天一美元。
>
> 这个乌托邦社区就是曼哈顿。大多数美国人……会认为,纽约城是个生态噩梦,充斥着钢筋混凝土、各色垃圾以及汽车尾气、交通堵塞。但实际上,与美国其他地区比起来,曼哈顿是履行环境责任的样板。从最流行的指标看,纽约是美国最绿色的社区。人类对环境造成的最严重的破坏,来自化石燃料的燃烧。如果与其他地方的美国人比起来,包括那些生活在农村和俄勒冈州的波特

兰市、科罗拉多州的博尔德市等看起来生态非常友好的地方的人,纽约客在化石燃料的消费方面,简直就是史前的水平。①

城市在这方面为什么如此高效呢?部分原因可以追溯到我们在上一章讨论公交和现代社区时提到的唐宁灵光乍现的建筑设计理念。

在火车、公交和汽车以及这些交通工具带动发展的郊区出现之前,多数人走路去上班。在曼哈顿的部分地区,现在依然有三分之一以上的人采用这种方式。② 相比之下,洛杉矶只有3%的人步行去上班。③ 洛杉矶与多数现代城市一样,是围绕汽车轮子而设计建造的。由于纽约交通拥堵,开车很困难,所以公共交通就相对好一点。平均来说,纽约人上班乘公交车的比例是全美国人的11倍。④ 他们都不愿意开车,每5个人里面,只有1个人会开车上班。反过来,在洛杉矶,每5个人里面,大约有4个人会开车上班。

在很多郊区,情况甚至比洛杉矶还要糟糕,因为公共交通几乎就不存在。正如欧文所说:"幻想乡村生活的城市居民,通常会认为是去那里徒步旅行、划船、从自己的鸡窝里拾鸡蛋或开展其他欢快热闹的户外运动。但实际上你离开城市所能做的,只不过是开着车出去兜一圈。"安德鲁·杰克逊·唐宁所规划的铺展开来的郊区,虽然有公共交通与城市进行连接,但是他并没有很好地解决当地居民在如此大面积的郊区中出行的问题,因为一个本地商城距

---

① David Owen, *Green Metropolis: Why Living Smaller, Living Closer, and Driving Less Are the Keys to Sustainability*(《绿色都市:为什么住的地方小些、生活的距离近些、开车的次数少些是可持续性的关键》), New York: Riverhead Books, 2009, pp. 1 - 2.

② http://www.wnyc.org/blogs/transportation - nation/2011/sep/22/new - census - data - how - the - nation - gets - to - work - how - nyc - is - different。

③ http://www.governing - com/gov - data/walk - to - work - popularity - data - for - american - cities.html。

④ http://www.wnyc.org/blogs/transportation - nation/2011/sep/22/new - census - data - how - the - nation - gets - to - work - how - nyc - is - different。

离当地居民可能有数英里之远，而不是只有城市的几个街区那样近。欧文和他的妻子在曼哈顿的时候都是步行和乘坐公共交通，但是把家搬到康涅狄格州的郊区以后，每年开车2万多英里。[①]

从化石燃料消费（以及相对应的气候足迹）的角度考虑，这些不同交通模式的差别是非常明显的。平均来说，佛蒙特州的每个男人、女人和孩子每年消费的汽油是曼哈顿居民的6倍（比例为545加仑比90加仑）。[②]

城市的人口密度也对能源的高效率利用发挥了巨大作用。我出生的城镇是新泽西州的洛伦尔山（Mount Laurel），那里曾经是一个农业区，但是现在已经成为非常典型的美国郊区，拥有4.1万人口。[③] 这个城镇的面积大约是22平方英里，几乎与曼哈顿（不包括中央公园）一样大。但是，曼哈顿的人口有150多万，其人口密度是洛伦尔山的35倍还多。[④] 曼哈顿有那么多的住房、商店、餐馆、博物馆、剧院等，各类建筑和设施彼此距离都很近，所以很多事情办起来就相对方便。尤其是，曼哈顿岛最宽的地方才2.3英里长。而在洛伦尔山，开车出行几乎是唯一的选择（反过来看，开车出行是拥挤的曼哈顿的居民最不愿意采取的出行方式），这些郊区居民一天出行的里程要比乘公交的城里人长得多，其原因在于，城郊居民采取的交通方式，能源效率极其低下。现在，美国有那么多的人居住在郊区，要开车走那么多的路，所以虽然美国人口不到全球的4%，却拥有全球25%的汽车，[⑤]这一点都不难理解。

---

① David Owen, *Green Metropolis*（《绿色都市》）, p.15.

② David Owen, *Green Metropolis*（《绿色都市》）, p.14.

③ "Profile of General Population and Housing Characteristics: 2010 for Mount Laurel township, Burlington County, New Jersey, United States Census Bureau"（《2010年美国新泽西州伯灵顿县洛伦尔山镇常住人口和住房概况》）.

④ "New York County, New York, Quickfacts, 2010"（《2010年纽约州纽约县信息速览》）, http://census.gov.com.

⑤ 根据维基百科（http://en.wikipedia.org/wiki/Passenger_vehicles_in_the_United_States），美国大约有2.5亿辆小汽车。根据赫芬顿邮报（http://www.huffingtonpost.ca/2011/08/23/car-population_n_934291.html），全球大约有10亿辆小汽车。

正如人们所想象的,所有这些郊区出行的汽车在气候变化中起到了很大的作用。格莱泽提出,在这些郊区,汽车的平均碳足迹是纽约市公交的10倍。[①] 混合动力汽车常常被宣传为传统汽车的替代交通工具(我得承认,自己就有一辆),但是根本就没法和公共交通相比,因为它们的平均能效只不过是汽车的1.6倍。[②]

如果说交通不算是大问题的话,郊区生活还带来了新的环境问题。在唐宁及其追随者的倡导下,郊区是按照宏大乡村社区的模式建设的,对于这种模式,本·琼森早在400年前就提出过反对意见。由此造成的结果是,郊区住房比城市公寓大得多。尤其重要的是,城市公寓采取共用墙壁和屋顶的建筑方式,所以比独居房屋更节能。一项30年前的研究显示,旧金山市中心的一家公寓要比附近郊区的单元住房,在供暖方面节能80%。[③] 遗憾的是,20世纪70年代初以来,美国新住房的面积平均增长了50%,[④]所以,情况在近几十年变得更糟了。从郊区豪宅的普及率可以看出,唐宁版的奢华乡村生活模式依然有市场,而且在21世纪还有增长的趋势。可惜的是,住房面积越大,所需要的能源就越多。欧文说,他在曼哈顿公寓的用电量是4000度,而搬到了康涅狄格州的郊区以后,他家的用电量几乎达到每年30000度。

我们现代生活中的很多行为促进了大气中二氧化碳的增加,加速了气候变化。由于我们消费了那么多的能源,所以常常很难追查出到底用了多少,用在了哪儿。幸运的是,英国能源与气候变

---

① Edward Glaeser, *Triumph of the City: How Our Greatest Invention Makes Us Richer Smarter, Greener, Healthier, and Happier*(《城市的胜利:我们最伟大的发明是如何让我们更富裕、更聪慧、更绿色、更健康、更幸福的》), New York: Penguin, 2012, pp. 207 – 208.

② 这些数据是根据戴维·麦凯(David MacKay)提供的数字计算出来的。他现在是剑桥大学的教授,曾担任英国能源和气候变化部的首席科学顾问。参见他2009年出版的风靡一时的著作*Sustainable Energy: Without the Hot Air*(《可持续能源:事实与真相》), Cambridge: UIT Cambridge, 2009, p. 126。

③ David Owen, *Green Metropolis*(《绿色都市》), pp. 206 – 207.

④ 见美国全国广播公司的新闻,http://www.nbcnews.com/business/us-homes-actually-got-bigger-during-ugly-2011-8159303? streamSlug=businessmain。

化部首席科学顾问、剑桥大学教授戴维·麦凯（David MacKay）几年前出版了一本名为《可持续能源：事实与真相》（*Sustainable Energy: Without the Hot Air*）的书，详细梳理了我们的能源使用情况。尽管我们可以质疑麦凯书中的数据（特别是从英国的数据来推测美国的数据），但是他的分析结果是让人大开眼界的。

让我们把汽车的利用作为分析的基准（我得坦承自己的私心，由于本书第二部分将详细阐述汽车的问题，所以现在就提出汽车对于我们后面的分析是有用的）。与汽车比起来，多少能源被用到我们的居家和办公室照明呢？只有十分之一。那么，多少能源被用于国防工业？也不多，只有十分之一。那么，运行电脑、电视和娱乐设施等所有这些小型电器，能用多少能源呢？十分之一多一点。全美国以及全球通过卡车、火车和货轮运输的所有的货物能消耗多少能源？当然了，用的能源要多一点，但实际上也不到汽车消费能源的三分之一。那么农业和农产品加工呢？像现代化肥生产之类的产业，要消耗巨量的化石燃料。的确是这样，但是我们的汽车消耗的能源比此高出近两倍。

那么，在能源消费和相应的碳足迹方面，哪个行业能与汽车比肩而立？有两个行业。首先是供暖和空调，它们消耗的能源几乎和汽车一样多。尽管新的绿色建筑技术可以有助于减少这方面的能源利用，但基本情况依然是：建筑物越大（郊区建筑通常比城市建筑要大），消费的能源就越多。其次，巨量的能源被用于制造我们所消费的物品，从包装品、衣物鞋帽到汽车和房子。有趣的是，汽车在这方面也发挥着主要作用。如果每5年买一辆新车，那么实际上，制造这台车所消耗的能源比你购买以后所用的化石燃料还要多。那么，让人大跌眼镜的是，汽车制造的隐含代价会使得总体能源的使用和碳足迹翻一番。①

① 这些数字是根据戴维·麦凯提供的数据计算出来的。但是，戴维·麦凯的计算是基于每15年买一辆新汽车。出于不同的考虑，我基于每5年买一辆新车进行了重新计算。

这些关于郊区住房和汽车使用的数据清晰地传达出一个信息。爱德华·格莱泽曾偶然发现了梭罗所焦虑不安的东西,并简略地写道:“如果未来想更加绿色,那就得更加城市化。人口稠密的城市可以提供一个开车少、住房小的生活模式。房子小,所需要的供暖和空调能源就少。也许有一天,我们无论开车还是在家里使用空调,都几乎不造成碳排放,但是在这一天到来之前,没有什么能比柏油马路更绿色环保。”①

有人可能会反驳,这种分析是在误导,因为它仅聚焦于我们环境困境的一个方面(虽然是关键的一个方面),也就是说,聚焦于我们的碳足迹和气候变化。但是,当我们说从城市搬到郊区会带来麻烦时,还有另外的原因。下面我们来看一个例子。

在19世纪,英国式花园很流行,这种花园有着非常“自然”的情调,最有特色的是有大面积赏心悦目、可踏入的草坪。当沃克斯和奥姆斯特德携手将这种风景模式推介到美国郊区时,大面积的草坪在那个时候的庭院中还很罕见,后来就成为他们住房设计中的标志性特色。他们的导师唐宁在1841年出版的《论景观园林理论与实践》中写道:“美国的草坪很少,但是我们非常高兴地看到,草坪的数量在快速地增加……在我们看来,从审美的角度,景观园林中的任何花费都不如建一个草坪划算,因为一个精心保养的草坪可以产生最多的美感。”②

从某种角度来说,由于19世纪30年代一项不起眼的技术发明,这样的草坪变成了可能,而且到了19世纪60年代,草坪已经大面积地流行起来。这项发明是相对廉价的机械刈草机,重量轻,一个人就可以推得动。③ 正如历史学家肯尼思·杰克逊所言:“住

---

① Edward Glaeser, *Triumph of the City*(《城市的胜利》), p. 222.

② Andrew Jackson Downing, *The Horticulturist, and Journal of Rural Art and Rural Taste*(《园艺家、乡村艺术杂志和乡村品位》), Volume1(1847), p. 204.

③ 关于这种机械除草机引进到美国的详细情况,见 Jackson, *Crabgrass Frontier*(《草原边疆》), pp. 60-61。

房作为一种伊甸园回归梦想的实现,作为家庭成员聚焦内在自我的宁静之所,很自然地引导人们重视花园和草坪。"[①]本书前面曾谈到,神话传说中的乐土是田园和伊甸园文学想象中令人愉悦的、绿色的地方,如今,这个乐土在美国郊区住所中舒适惬意的草坪上找到了。

在《杂食者的困境》中,迈克尔·波伦揭示了玉米主导我们生活和农田的程度,让美国人大吃一惊。[②] 2007 年,纪录片《玉米大亨》(*King Corn*)向电影院前来观影的观众传达了类似的信息。从环境角度看,大量的化石燃料、水、杀虫剂和其他资源被用在玉米种植上,这种植物最后以各种各样的形式成为我们口中的食物。不过,虽然玉米被人称为大亨,但是在伟大的草坪面前要俯首称臣。

我们种植面积最大的灌溉植物绝对不是玉米,玉米还差得远呢。在美国,居家草坪面积是玉米的三倍多。为了让草坪保持好看的外形,家里的主人每年在草坪上喷洒一亿多磅的杀虫剂,比农民喷洒在庄稼上的还要多。[③] 至于化肥,有些人认为,草坪上使用的化肥比杀虫剂将近多六倍。[④] 具有讽刺意味的是,化肥可能并不需要那么多。一项研究发现,草坪上施用的化肥是专家建议的两倍。[⑤]

近年来,一些文章开始审视和批评美国的草坪之爱。伊丽莎白·克尔伯特(Elizabeth Kolbert)2008 年在《纽约客》上发表了一篇精彩的介绍性文章《草坪战争》("Turf War"),而亚利桑那大学教授保尔·罗宾斯(Paul Robbins)在他的著作《草坪人:草坪、杂草

---

① Jackson, *Crabgrass Frontier*(《草原边疆》), p. 59.

② Michael Pollan, *The Omnivore's Dilemma*(《杂食者的困境》), New York: Penguin, 2007, pp. 1 – 122.

③ David Owen, *Green Metropolis*(《绿色都市》), p. 191.

④ Paul Robbins, *Lawn People: How Grasses, Weeds, and Chemicals Make Us Who We Are*(《草坪人:草坪、杂草和化学品是如何塑造我们的》), Philadelphia, PA: Temple University Press, 2007, p. 63.

⑤ Paul Robbins, *Lawn People*(《草坪人》), pp. 64 – 65.

和化学品是如何塑造我们的》(*Lawn People: How Grasses, Weeds and Chemicals Make Us Who We Are*)中对草坪进行了深度研究。正如这些著述和其他文章所清楚展现的,美国的草坪就是一个环境灾难。不过,附带说一句,这并不是什么新发现。早在50多年前,蕾切尔·卡森在《寂静的春来》里就严厉斥责那些在草坪上使用杀虫剂的宣传广告,认为广告上的场面一点都不温馨。"这个典型的广告描绘了一个幸福家庭的场面,父亲与儿子微笑着给草坪喷洒杀虫剂,小孩子们在草地上打着滚儿,与一只狗玩得不亦乐乎。"

草坪本身给环境带来了危害,让人焦虑不安,如果我们看看草坪所占用的郊区农田,那么这幅环境图景就变得更加暗淡,因为,几百年来,甚至几千年来,郊区农田在全球各地都是一直给城市提供食物的。为了理解这些郊区农田在文明和城市历史进程中的深远意义,我们有必要再往前回溯一步。如前所述,伦敦是西方第一个人口达到100万人的现代城市。不过,它并不是第一个人口达到百万的城市。这份荣耀归于2000年前的古罗马。

古罗马无与伦比的基础设施,包括其标志性的宽阔大道和高架渠,都是基于支持众多人口的需要而出现的。每天为100万人提供淡水,即便在21世纪也不是一件轻松的事。给这么多人口供给新鲜的食物,也意味着巨大的工作量。这就是古罗马要建造宽阔大道的原因,如果没有畅通的道路,那么通过陆路运输货物就是一个噩梦。(这种情况一直延续了数千年。当梭罗1817年出生的时候,在美国通过陆路运输30英里货物的花费,与穿越大西洋的海运费用是一样的。[①])尽管古罗马有很好的路况,但是使用木轮车运送货物仍很困难,而且效率低下。

因此,粮食的生产就需要尽可能地离城市近一些。但是,古罗马本地的农业一开始并不能应对为百万人口城市提供粮食的挑

---

① Edward Glaeser, *Triumph of the City*(《城市的胜利》), p. 44.

战。用船从外面运来粮食可以缓解一部分需求,但是远远不够。那么,怎么办呢? 答案是让农业的效率再提高一些,让农业的吸引力更大一些。不过,这说起来容易做起来难。

当提到拉丁文作者的时候,维吉尔、奥维德、贺拉斯(Horace)、凯撒(Caesar)以及西塞罗(Cicero)等名字会常常出现在我们的脑海中。不过,流传至今的第一部拉丁文著作的作者是马尔库斯·波尔基乌斯·加图(Marcus Porcius Cato)。他那本书的名字很简明,是《论农业》(*De Agri Cultura*),是一本关于农业生产的手册。一个世纪后,随着古罗马人口增长到100万,马尔库斯·特伦提乌斯·瓦罗(Marcus Terentius Varro)围绕这个主题撰写了同名论著,成为卓有影响的第二部《论农业》。

第一部拉丁文著作是农业手册,这一点都不偶然。在人口激增的情况下,由于陆地交通效率低下(尽管古罗马的道路建设取得了非凡的成就),对古罗马周围土地的农业生产进行优化,就成为关键的问题。如果这个问题不能得到很好的解决,而且是很及时的解决,古罗马是不可能成为伟大的城市的。

几十年前,人们倾向于把农场想象为小规模的、家庭作坊式的经营。而大规模的农业产业化通常被看作20世纪才出现的现象,特别是20世纪下半叶。不过,加图和瓦罗都很清楚地表明,2000年前就已经存在像农业产业化那样的经营方式了。比如,关于养鸡,瓦罗就建议在每个建筑物里饲养5000只鸡。[①] 总的来说,这两位撰写农业著作的作者都认为,系统化的运营会使农场更高效。

开发高效的农业生产方式是一回事,让土地拥有者采用这种生产方式则是另一回事。罗马最著名的诗人是普布利乌斯·维吉利乌斯·马罗(Publius Vergilius Maro),他更为人熟知的名字是维吉尔。在罗马农业发展颇具传奇色彩的演进中,维吉尔发挥了重

① Marcus Terentius Varro, *Cato and Varro: On Agriculture*(《加图和瓦罗:论农业》), Loeb Classical Library, No. 283, p. 463.

要作用。

古罗马城周围肥沃的农田主要掌握在相对少数的富裕地主手里,其中很多人在罗马城里也有时尚奢华的家。问题是,公元前1世纪的罗马城是个灯红酒绿的地方。毕竟,古罗马是欧洲历史上面积最大、最伟大的城市,有钱人谁不想住在那里呢。加图和瓦罗都晓之以理、动之以情地劝说这些地主在郊区多住些日子,精心管理他们的农场,改善农场的生产,从而更好地为日益发展的罗马城提供粮食。当然,更重要的是,能增加他们腰包里的银子。两人声称,如果农场效率提高了,会带来巨大的利润。但这不足以说服每一个地主,于是,维吉尔出现了。

作为瓦罗同时代的人,维吉尔撰写了自己的农业手册《农事诗》(*Georgics*)。这本书是作者献给罗马第一任皇帝凯撒·奥古斯都(Caesar Augustus)即屋大维(Octavian)的顾问盖乌斯·梅塞纳斯(Gaius Cilnius Maecenas)的。在梅塞纳斯的敦促下,维吉尔成为奥古斯都的幕僚。正是利用其做幕僚时练就的高超语言技巧,维吉尔在他的《农事诗》中盛赞农场中的生活。在这方面,谁能比维吉尔做得更好呢?诗人此时刚刚完成他的《牧歌集》(*Eclogues*),同样也是歌颂田园生活的。不过,与我们此前介绍的田园文学主要展现牧羊人的快乐不同,《农事诗》集中于农业的重要性和必要性,认为发展农业是一种爱国行为,对帝国有好处。[①]

尽管"郊区"这个词现在常常让人想到设计相似的住宅区房屋,但是其本义、拉丁文意义上指的是城市周围的土地。加图、瓦罗、维吉尔、奥古斯都等人对罗马周围土地高效农业的重视,强化了城市郊区的传统作用和重要性。郊区非常重要,因为它维持着一个城市的生存。诚然,用船从外面运来粮食解决了部分难题。

① 因此,该书最著名的句子是"劳动高于一切"。Virgil, *Georgics*(《农事诗》), Book Ⅰ, lines 145－146. 最准确的引文是"劳动征服一切"。我非常认真地认为,维吉尔这句话源自他在《牧歌集》(*Eclogues*)第10首中的句子"爱征服一切"。

(因此,多数大城市都坐落于水道附近,可以享受交通运输的便捷。事实上,现在的情况依然如此。不过,气候变化带来的海平面上升以及伴随而来的飓风爆发,也是让人忧心的事。)但是,郊区粮食生产对一个城市的健康和发展是必需的。如果切断与郊区的联系,就像古代和中世纪那些有着城墙的城市在遭围困时被切断与外界的联系一样,随着城市居民被饿死,这座城市也就面临崩溃的危险。

如果没有郊区的鼎力支持,除了生存问题,城市还面临发展受到限制的危险。因此,在欧洲历史上,当城市人口膨胀时,其注意力很快就转向它们的郊区以及提高郊区农业生产的方法上。古罗马以后,伦敦、巴黎、纽约都出现了这样的情形。

在莎士比亚时代,当伦敦人口剧增时,一批农业手册很快面世。[①] 人们对加图和瓦罗的书以及维吉尔的《农事诗》的兴趣,也在那时高涨起来。[②] 到了 17 世纪末,伦敦市区以及周边的土地,有些被圈起来,建成了果蔬农场,种上了各种水果蔬菜,其中有些还是反季节的。这是因为玻璃价格下降了,使得温室(铺设在地面上的小型温室)建设成为可能。农业历史学家认为,第一个真正意义上的现代果蔬农场是在 17 世纪的伦敦出现的。[③] 最近,伦敦当地的一些农贸市场重建了这样的果蔬农场。

150 年后,这样的过程在巴黎市区及其郊区重演。1835 年,巴黎的人口达到 100 万,仅仅 50 年后,就令人震惊地增长到 300 万。

---

① Lord Ernle, "Obstacles to Progress", (《进步的障碍》), in *Agriculture and Economic Growth in England* 1650 - 1815 (《英国的农业和经济增长 1650—1815 年》), ed. E. L. Jones, London: Methuen, 1967, pp. 49 - 65.

② 加图和瓦罗的《论农业》(*On Agriculture*)在 1533 年巴黎出版的拉丁文版中被合为一体。《论农业》法文名为 *Libri de re rustica, M. Catonis, Marci Terentii Varronis, L. Iunii Moderati Columellae, Palladii Rutilii, quorum pagina seque\[n\]ti reperies*。

③ Joan Thirsk, *Alternative Agriculture: A History: From the Black Death to the Present Day*(《替代农业:从黑死病到当下的历史》), Oxford: Oxford University Press, 2000, pp. 184 - 185. Malcolm Thick, *The Neat House Gardens: Early Market Gardening around London*(《整洁的居家花园:伦敦地区早期的市场园艺》), London: Prospect Books, 1998.

为了养活这么多人，巴黎发展了新的农业模式，现在常常称之为“法国集约园艺”(French Intensive Gardening)。这种农业模式采用多种技术，比如在同一块土地上间作不同的作物，极大地提高了农业产量。尽管这种农业是高度劳动密集型的，但即便在小块的郊区土地上，也可以有利可图。(因此，在20世纪末，美国新一代本土的、有着市场化意识的城市农夫，开始仔细研究一个多世纪前法国的集约园艺。[①])

当巴黎郊区的农场主进一步完善它们高效农业技术的时候，唐宁、沃克斯、奥姆斯特德等人对美国郊区的发展构思了与此非常不同的计划。就像古罗马、文艺复兴时期的伦敦以及19世纪早期的巴黎一样，纽约城5个区的人口最终也达到了100万。这个引人注目的事件就发生在《瓦尔登湖》出版的时候。[②]

那时，纽约城周围的地区依然大部分用作农业。比如，扬克斯市(Yonkers)由于紧挨着纽约(从地理上紧靠着布朗克斯，离曼哈顿最近的地方不到两英里)而有时被称作“第六区”，当时主要是农田。所以，虽然扬克斯市和纽约在同一个区域，而且工业开始在那儿落户，但扬克斯市在1860年的人口还不到曼哈顿的1%。[③]

甚至在古罗马以前，郊区从传统上就维系着它们环绕的大城市，每天有数千名郊区农民赶着车进城，车上装满了农产品、奶制品、鸡蛋和肉类。如果城市里住满了拥挤的市民，那就意味着附近的郊区会进行粮食生产。就像19世纪中期的扬克斯一样，这些农田离城市特别近，甚至紧挨着城市。距离必须近，因为马拉肩扛运输东西的效率太低了。

---

① Eliot Coleman, *The Winter Harvest Handbook: Year-Round Vegetable Production: Year-round Vegetable Production Using Deep-organic Techniques and Unheated Greenhouses*(《冬天收获手册:采用深度有机技术和不加热温室的全年蔬菜生产》), White River Junction, VT: Chelsea Green Publishing, 2009, pp. 13-24.

② 美国人口普查数据显示，纽约市1850年的人口是69.6115万人，1860年的人口是1174.779万人。

③ 扬克斯市的面积是20.3平方英里，曼哈顿的面积是22.9平方英里。扬克斯市的人口数据引自维基百科(http://en.wikipedia.org/wiki/Yonkers,_New_York)。

到了19世纪中期,美国的情形开始发生巨大变化。尽管唐宁在1849年就认识到火车运输可以将城郊从农田变成住宅区,但也只有在将粮食从更远的地方运到城市以后,才能实现那个目标。第一辆冷藏车厢是1851年投入使用的(在纽约州,也许不是巧合),火车运输时用冰来保存那些容易腐烂的食品。尽管花了几十年的时间才使冷藏技术实用化,但是到了19世纪70年代,冷藏肉已经在全美国开始运输了。[①] 那些不需要冷藏的产品,更容易通过火车进行运输。

在此之前,多数粮食都是本地的,"郊区"(就像最初的古罗马郊区一样)通常意味着农田。[②] 不过,现代交通开启了新的时代,它呈现为两个发展阶段,先是火车,继而是汽车和卡车。在这样的时代,多数美国人居住在郊区,多数水果和蔬菜从很远的距离(经常引用的数字是1500英里)来到我们的餐桌。

这并不是说,本地食物因为不需要经过很远的运输就能来到我们的餐桌,从农场运输到出售点所产生的碳足迹很少,只占该食物的4%或5%,所以从环境角度来看就是好的食物。[③] 同样,城郊地区有可能不是种植粮食效率最高的地方,比如,那儿种植季节短,因而需要能源密集型的温室大棚进行栽培。总起来说,正如詹姆斯·麦克威廉姆斯(James McWilliams)等人所建议的,吃当地食物对环境的影响是很复杂的。[④] (如果我们真诚地关心我们吃的食物的气候足迹,应该顺便考虑一下主要吃一些植物性食物,因为这将大幅减少世界农业的气候足迹。)

---

① 源自维基百科(http://en.wikipedia.org/wiki/Refrigerator_car)。

② 相当数量的粮食还依赖船只运输。尽管如此,一座城市的多数粮食依然来自其郊区。

③ Sarah DeWeerdt, "Is Lacal Food Better?"(《本地食物更好吗》), in *World Watch Magazine*(《世界观察杂志》), May/June, Vol. 22, No. 3.

④ James E. McWilliams, *Just Food: Where Locavores Get It Wrong and How We Can Truly Eat Responsibly*(《食物而已:本土膳食主义者错在哪儿以及我们如何真正负责任地吃》), New York: Back Bay Books, 2010.

到了21世纪,美国的郊区有3200万英亩的草坪,[1]每英亩喷洒的杀虫剂比农田还要多,使用的化肥是杀虫剂的六倍,浇灌用的水占全部生活用水的三分之一。看到这些,我们就不免悲哀地想到我们丧失的郊区农田。那些草坪的占地面积是排名第二的农作物(玉米)的三倍,但一粒粮食都不生产,这是农业和环境的一大灾难。

肇始于梭罗时代并在20世纪加速扩展的郊区,进一步加重了回归自然思想所带来的重大危险之一,那就是不满足于仅仅欣赏市内公园所提供的自然,因而离开城市,来到大自然里,或者至少是寻找一个经过精心开发销售的郊区版自然。正如我在导论中所建议的,这条路根本不能引领人们回归自然,而是会造成环境破坏。

在本书的下半部分,我想从试图回归自然及其这些尝试的不足,转向我们如何才能获得一个与自然之间更好的关系问题。我们已经介绍了几个正在实施的走向自然项目的例子,比如纽约的高线公园,下面我将会讨论我们每个人应如何帮助推动人类走向自然。

---

① Elizabeth Kolbert, "Turf War"(《草坪战争》), in *The New Yorker*(《纽约客》), July 21, 2008.

第二部分

地球环境与未来

第五章

谱写环境新时代

自从我 2012 年开始介绍走向自然这个理念以来,就不停地被问到同一个问题:如果如我所说,过去从来没有存在过人与自然的和谐关系,那种和谐关系只有在未来才能实现,那么,这种新的关系是什么样子的?还有同样重要的问题是,我们现在如何开始建立这种关系?

自然科学正在以令人振奋的方式解决这些问题。气候工程、定向进化、合成生物等数十个新的科研计划目前正在全球实施,对未来前景提供了充满希望的探索。不过,虽然这些技术有望帮助创建更加美好的环境未来,但是能否完全实现这个愿望,也就是说,至少达到避免全球气候灾难的程度,目前一点都不清楚。

请允许我不揣冒昧,提出一个与之相反的建议。虽然科学技术在构建未来人与自然更加和谐的关系方面肯定将发挥重要作用(这也是为什么我在本书上半部分一再强调科技重要性),但是我们现在需要转向人文科学,通过人文科学进行一定的干预。而且,我们需要马上行动起来。

当气候变化问题凸显出来的时候,我们首先想到的学者往往是科学家。如果有人能想到我们这些人,那么像我这样的文化和文学史家,一定是叨陪末座,地位与科学家完全相反。即使是在气候变化以外的问题上来考量,人文科学的价值近年来也是屡屡受到质疑,特别是与 STEM(科学、技术、工程和数学)领域比起来,尤其如此。在人们的认识里,STEM 看起来往往更实际,更有用。

但是,请容我把话说完,人文科学在创建更加美好的环境未来方面,一样能够有所作为,而且至少不亚于自然科学。这个想法可能听起来有点自大,但是仅靠科学技术是完成不了构建美好环境未来这个事情的。首先,我们需要看看这是个什么样的问题。这是一个由人类行为引发的人类问题,因此,我们需要动员人文领域的专家学者去提供帮助。这本书的目的之一就是要做这件事。

在与气候变化相关的问题上,我们第一想到的是自然科学,而不是人文科学,这一点儿都不奇怪。如果不是大批科学家持续不懈地工作,认真仔细地观察、研究并建立预测模型,全球气候不断变化的原因将永远不会被发现。我们所有人都应该对科学家表达衷心的感谢。在接受和认同科学家对于气候变化的观点以后,如果要考虑如何来应对这一问题,我们最先想到的往往还是科学家。不过,就气候变化这个案例而言,我们往往轻科学理论,重技术应用,希望科学研究能够为我们日益恶化的环境状况提供技术解决方案。

当我们听到技术奇才埃隆·马斯克(Elon Musk)非常自信地宣布只需要一个 100 英里 ×100 英里(不到内华达州或亚利桑那州面积的十分之一)的太阳能板矩阵,就可以为全美国提供所需要的电能,并且仅仅一平方英里大的电池就能储存这些电能的时候,我们当然感到很欣慰。不过,更让人宽慰的是这番踌躇满志的话里所包含的一个更深刻的信息:科学家发现了那个让我们所有人都焦虑不安的重大问题(气候变化),但是,不要担心,请耐心等待,因为他们正努力寻找解决的方案。有些技术人员比如马斯克吹嘘说,他们已经给我们找到了切实可行的办法。他的特斯拉电动汽车就是一个最好的解决方案,你可以将来买一辆。

总而言之,自然科学的确能以非常专业和具体的方式,不仅研究气候变化的成因,比如大气中二氧化碳以及其他所谓温室气体

(GHGs)的增加,而且还能研发零排放汽车等技术,从而解决这些问题。

不过,这些温室气体真的是气候变化的根源吗?它们当然起了很大的作用。但是,我还是想略陈陋见,让我们换个思路,从一个全新的角度来解决这个问题,因为气候变化的根源事实上是多种多样的人类信仰和实践。具体来说,对环境造成伤害的人类实践有:对交通工具的迷恋(特别是汽车和飞机,我们对这两种交通工具都要进行分析)、阔大的住房、消费品,等等,因为这些都需要开采大量的化石燃料,这些化石燃料在使用时会释放巨量的二氧化碳等温室气体。如果我们大幅度地减少这些行为,二氧化碳增加以及气候变化就会得到有力的控制。同样,如果我们大大减少或直接消除人类对牛肉的消费(美国在这方面可能是世界领先),那么导致气候变化的另一个主要元素甲烷的排放,就会得到很大的遏制。

如果从这个角度来看,特斯拉电动汽车根本就不是一个解决方案,只不过给造成环境破坏的行为换了个最新的马甲,依然彻头彻尾地赞同那种行为(马斯克像他之前的很多汽车销售员一样,其最终目的就是要卖给你一辆他的新车),而不是努力阻止那种行为,更不想消除那种行为。其危险在于,这样的电动汽车是以所谓适当地减缓气候变化的名义进行出售的,而事实上,根本不能减缓,完全不能,这一点很清楚。

那么,我们为什么要研究这些从环境角度看让人焦虑不安的行为呢?了解人们做什么以及为什么做,是人文科学和社会科学的主要任务。一旦更好地理解了人类的行为,就可能践行对环境更友好的新实践。简而言之,正如我们直接看到的和在本书最后一章通过一个详细的案例所看到的,人文科学在帮助了解和遏制人类导致的气候变化以及推动我们走向自然方面,发挥着重大的作用。

让我们继续以汽车为例进行说明。2014 年,汽车的能效达到历史最高水平,现在,美国的车辆平均每加仑汽油可行驶 25 英里,混合动力汽车的能效比这还要高一些。但是,即便是(非插电)混合动力汽车,其原动力也来自化石燃料的燃烧。截至目前,像特斯拉那样的纯电动汽车,是汽车领域的异数和颠覆者,因为它们完全依赖可再生能源。不过,它们也不是没有环境问题。比如,所有汽车的生产都需要大量的能源和资源,电动汽车也不例外(我们很快就会看到这一点)。就电动汽车而言,电动马达和电池中使用的稀土及其他材料的开采以及最终处理,从很多方面看,都有很大的问题。尤其是,路上行驶的那么多电动汽车,其实是以煤为动力的,因为汽车的电能来自火电厂。

但是,从文化角度看,特斯拉电动汽车在很多方面都更像传统汽车。① 特斯拉 X 是最近流行的车型之一,是一种 SUV,与很多汽油动力的 SUV 一样,重量超过 5000 磅。一旦上路,采用诸多技术创新的这款新车,其中有 75% 就像美国路上行驶的其他车辆一样,上面只有一个人。尽管这款车可以全部使用可再生能源,但是也不能违背物理规律,推动这么个大家伙在路上以每小时 70 英里的速度疾驶,目的只不过是运输一个人,这是极大的能源浪费,效率十分低下。

不过,我们现在可能用一加仑汽油或等量的能源,将一个人运送 350 英里、500 英里,甚至是惊人的 750 英里。这些交通运输技术不仅是可能的,而且早已经过了试验阶段,在实践中得到了证明,并广泛应用了一个多世纪。这些了不起的技术到底是什么呢?它们分别是公共汽车、地铁和火车。如果和搭载一人的每加仑汽油行驶 25 英里的小汽车相比,公共汽车的能效是它的 14 倍(即一

---

① "Tesla's Not as Disruptive as You Might Think"(《特斯拉汽车不像你想象的那样具有颠覆性》), in "Harvard Business Review"(《哈佛商业评论》), May 2015. https://hbr.org/2015/05/teslas-not-as-disruptive-as-you-might-think/F1505A-HCB-ENG? referral = 03069.

加仑燃料可以运输一个人350英里)，[①]地铁的能效是它的20倍(一加仑燃料运输一个人500英里)，火车的能效是它的30倍(一加仑燃料运输一个人750英里)。

几年前，我的一个富有洞察力的学生对这种状况和这些数字进行了分析，得出了简明的结论，认为"我们需要的不是每加仑燃料行驶100英里的汽车，而是把乘公交变成一件很酷的事，把拥有汽车不当作一回事"。对此，我再同意不过了。

顺便提一下，每加仑燃料可以行驶750英里的能效还可以再提高，而且非常容易做到。在曼哈顿的一些地区，三分之一的上班族采用步行方式，骑车效率更高。需要指出的是，纽约客乘地铁和公共汽车等公共交通去上班的比例，平均是美国人的11倍。如前所述，爱德华·格莱泽、戴维·欧文和其他很多人都主张，城市比郊区和农村的能源效率要高得多。[②] 就化石燃料的使用以及相应的碳足迹来说，情况的确是这样。

曼哈顿的例子(以及更多的城市)清楚地表明，即使不怎么用汽车，现代人也可以生活得丰富多彩。

那么，为什么如此多的美国人开车呢？为什么我们开那么多的车呢？美国人口占全球的比例还不到4%，但拥有的汽车占全球的25%。如果一辆接一辆头尾连起来，可以绕地球31圈。[③] 正如我的学生所认识到的，在美国，汽车很酷，真的很酷。尽管如此，汽车却是环境的灾难。在美国，一辆汽车平均每年排放4.7吨的二氧化碳。[④] 如果现在美国每年人均二氧化碳排放总量是16.5吨左右，[⑤]那么拥有并开一辆车的碳足迹就占到我们个人碳足迹的四分之一以上。更为严重的是，很多气候科学家提出，如果要想有效地

---

① David MacKay, *Sustainable Energy*(《可持续能源》), p. 126.
② Edward Glaeser, *Triumph of the City*(《城市的胜利》); David Owen, *Green Metropolis*(《绿色都市》).
③ 这个数据我是这样测算出来的：美国拥有2.54亿辆汽车，平均每辆车的长度是4.95米。
④ https://www.epa.gov/grennvehicles/greenhouse-gas-emissions-typical-passenger-vehicle。
⑤ http://data.worldbank.org/indicator/EN.ATM.CO2E.PC? view=map。

减缓气候变化的影响，我们每个人每年在地球上的温室气体排放不应该超过2吨。因此，仅拥有和使用一辆汽车就会将我们的碳足迹提高到基本碳足迹的两倍以上，我们这还没考虑食物、衣服、住房等我们生活所需要的其他东西。

在其他方面都一样的情况下，仅仅把开小汽车改为乘公交车就会将我们个人在交通方面的碳足迹减少至1/14。但是，乘公交车上班的美国人还不到人口总数的5%，而开车上班的人达到了85%，很显然，公交车不是那么受欢迎。但是，为什么开车很酷而乘公交不受欢迎呢？

这不是STEM领域的问题，而是人文科学和社会科学领域的问题，因为我们需要了解的是人们为什么要那么做。科学可能会告诉我们人类怎样改变了我们的全球气候，但是不可能告诉我们人类为什么那样做。科学可能会给我们提供更多的先进技术（比如更高效的汽车），但是不能洞察我们为什么继续坚持那样做。比如说，我们为什么喜爱汽车？

如果我们能理解为什么汽车受欢迎而公交车不受欢迎，那么我们也许就能采取下一步的措施，而且是一个重要的措施，也就是说，不仅研究文化，而且要主动地参与文化建设。比如，我们可以帮助培育形成一种乘公交和火车比开车更有吸引力的文化。如果我们能干成这件事，那么我们在气候变化方面的收获将远远大于研发一辆每加仑汽油跑100英里的汽车所带来的影响。这就是为什么我提出人文科学与自然科学和技术一样，在限制人类导致的气候变化方面可以发挥同样大的作用。

但是，我们要清楚地知道，这绝对不是件容易的事儿。研发和制造下一代锂电池（埃隆·马斯克目前的项目之一）当然是很难的，但是要理解人类为什么参与那些令人困惑的有时甚至不合情理地造成全球气候变化的实践，同样是困难的。

的确，开车这个行为可能是到了非理性的边缘。如果你退一步想想，开着一辆重达5000磅的车，每小时的速度是70英里，而仅仅几英寸[①]远的地方，其他人也是如此，开着车呼啸而过（就是几英寸的距离，对面来的车，车速也是每小时70英里）。正如世界卫生组织（WHO）所指出的，全世界每年因为交通事故而伤亡的人员数超过5000万。就全球来说，交通事故是导致10岁以上的年轻人死亡的头号杀手，超过了疟疾、艾滋病和其他一切意外。因此，WHO宣布，交通伤亡是世界性的流行病。[②]

除难以置信的危险外，汽车花费还占家庭支出的很大一部分，在经济上远没有乘坐公共交通省钱。在美国，保有一辆汽车的年均费用大约是9000美元，包括保险费、保养费和加油费等。[③] 这是一笔很大的家庭负担。比较而言，在我居住的城市（加州圣塔芭芭拉），一张不限制使用次数的公交卡目前每月52美元，也就是说，每年费用600多美元，大约是开车费用的7%。

那么，尽管汽车极度危险，经济花费多，从环境角度看破坏性最大，但它是怎么为人们所推崇的呢？与其他一切事情一样，这是有历史的，说来话长。下面我长话短说。

由于美国卷入了一场高度工业化的战争，所以才得以从经济大萧条（Great Depression）中走了出来。美国在第二次世界大战期间的工业产出是惊人的，仅仅几年的时间，就生产了将近7000艘战舰、30多万架飞机和大约250万辆陆地运输工具。[④] 战争结束以后，美国面对的挑战是保持这个工业生产机器（也就是经济）继续走强。于是，在这样的态势下，汽车就发挥了巨大的作用。

---

① 1英寸合2.54厘米。——编者注

② 见世界卫生组织（WHO）的2017年报告《道路交通伤亡》（"Road Traffic Injuries"），https://www.who.int/mediacentre/factsheets/fs358/en。另见M. Peden, R. Scurfield, D. Sleet, D. Mohan, A. Hyder, E. Jarawan and C. Mathers, *World Report on Road Traffic Injury Prevention*（《世界道路交通伤亡预防报告》），Geneva：WHO，2004。

③ https://newsroom.aaa.com/2015/04/annual-cost-operate-vehicle-falls-8698-finds-aaa-archive/。

④ https://en.wikipedia.org/wiki/Military_production_World_War_II#Naval_forces。

战后美国汽车工业的发展依赖于让公众相信汽车是值得拥有的,是令人羡慕的。说服我们把一大笔钱用来买车并冒着生命危险开车,并不是一件轻松的事儿,但是,汽车制造商联手政策制定者以及其他人,竟然把这个事儿办成了。为了确保公共交通不能成功地与汽车竞争,联邦政府对公共交通的资助远远少于对汽车制造和道路建设等产业的资助。由此而造成的结果是,铁路客运和货运企业很快纷纷破产,只能在联邦政府的救援下勉力以国家铁路客运公司(Amtrak)和联合铁路公司(Conrail)的形式运营。发展汽车产业的另一个重要解决办法,是向民众兜售到郊区居住的理念。在战后的美国,如果你想出城,到风景迷人的新郊区,就需要开车往返。事实上,即便是在越来越铺展的郊区里面转一转,也得需要一辆车。对很多家庭来说,这就意味着需要两辆车,而这是汽车工业最高兴的事。

几十年前,在美国汽车工业最鼎盛的时候,每6个美国人中就有1人或直接或间接地受雇于该产业。这还不包括庞大的、与之互补的道路建设行业。根据1956年《艾森豪威尔公路法》,美国共建设了4.1万英里长的州际公路。

尽管这乍听起来可能有点荒诞不经,但是几十年来,美国经济的支柱和基础是人们对汽车的虚荣心。事实上,人们的虚荣心是那么强,以至于甘愿冒着生命危险并花费巨额收入去买车开车。很难想象会有多少美国公众认可这种双输的主张。更难以想象的是,即便在我们已经深知气候变化影响的时代,这种状况仍然在继续。尽管有点令人惊异,美国汽车的碳足迹确实已经超过了我们的住房(就碳足迹而言,汽车超过了任何一个单项来源)。

如果我们把目光投向美国之外,情况则更令人不安和焦虑。因为从文化趋势上来看,全世界都盯着美国,处于快速发展中的国家的人民急切地想驾驶我们迫不及待地卖给他们的汽车。以印度和中国为例,这两个国家的人口分别都超过美国人口的四倍。从

20世纪40年代到80年代，当美国人正与其生产的汽车处于卿卿我我的蜜月期之际，几乎每一个印度人和中国人都是步行、骑自行车或乘坐公交车。因此，这两个国家交通运输领域的二氧化碳排放量非常少。的确，尽管这两个国家的人口增长得很快，但是其交通领域的二氧化碳排放总量加在一起，与美国相比，也不可同日而语。

不过，现在的情况天翻地覆了。印度目前是世界第五大汽车市场，而且增长迅猛。[①] 中国则是世界上最大的汽车市场，甚至很快培育出了对汽车更大的渴慕之情。1985年，中国的机动车总量为178万辆。到了2017年，仅小汽车的拥有量就骤增至1.72亿辆。[②] 在仅仅30年的时间里，中国的汽车总数增长了100倍。

目前，我们这个星球上的汽车刚刚超过10亿辆。由于世界上其他国家正快速地迷恋汽车，所以到2040年，汽车总量会翻番。[③] 即便这20亿辆汽车每一辆的温室气体排放都像特斯拉那样是零排放，我们的地球依然不能承载这么多的汽车，也没有任何希望表明可以控制气候变化，仅这些汽车的生产过程就使得控制气候变化成为泡影。比如，平均每生产一辆汽车，就要往大气中排放17吨的二氧化碳。有些豪华版的SUV，其碳足迹甚至要翻倍，达到35吨。[④] 我们来回想一下，很多气候科学家提出，我们地球上的每个人每年排放的二氧化碳不应该超过2吨。因此，即使你还没有开车上路，当你付钱买一辆新车的时候，你此后8年到17年的所有碳排放预算指标就都用完了。如果20亿人每人都买一辆新车，那么

---

① http://www.financialexpress.com/auto/car-news/india-becomes-fifth-largest-passenger-vehicle-market-in-the-world-as-sales-cross-3-million/650878。

② https://pdfs.semanticscholar.org/39fd/4e7e44e2bd27a3de1a1a7bdbbe16b8576fc7.pdf 以及 www.chinadaily.com.cn/business/motoring/2016-01/26/content_23253925.htm。

③ https://www.weforum.org/agenda/2016/04/the-number-of-cars-worldwide-is-set-to-double-by-2040。

④ https://www.theguardian.com/environment/green-living-blog/2010/sep/23/carbon-footprint-new-car。

我们地球全部的碳排放预算指标就用爆了(让我们直面吧,是地球要爆了)。

这就是我为什么说仅有技术是不能解决问题的。因此,我们需要努力尝试重写我们的文化实践,就像曾经培育对汽车的渴慕那样。这也是为什么我提出把这个问题当作人的问题来对待能够并且应该取得很大效果。尽管我们面对的问题令人心悸,让人望而却步,但是让我们走上前去,既不要恐惧,也不要气馁。我们没有必要等着埃隆·马斯克或其他什么人来解决这个问题(特别是,我们非常清楚,这些技术自身根本解决不了问题),因为我们每个人可以通过书写我们的文化行为,把汽车排斥在我们的生活之外。

作为美国人,我们甚至可以做得更多,因为世界上很多人都在看着我们,希望我们就什么是时髦的,什么是令人羡慕的,树立一种新的观念。在波特兰和布鲁克林那些地方,新的生态文化正在兴起,逐步用公共交通来替代汽车,并认为那样的交通方式是时髦的、令人羡慕的。与此相对的是,在这些地方,那些喝油的大老虎比如SUV,一点都不时髦,一点都不酷。就气候变化而言,这种振奋人心的、基于未来的文化可能是美国21世纪最重要的出口产品之一(是的,甚至比特斯拉的出口更重要,事实上重要得多)。

尽管看起来我们会因此而少开车,也许甚至是不开车(坦白地说,我建议不开车),但是如果真能这样,我们实际上会受惠于此。不再将我们的收入大把大把地花在那些破坏我们的气候和星球的危险之物上,我们就会有机会来构想新的、更好的出行方式。

那么,像我这样阅读文学的专家在这样的情形下有什么妙招吗?请恕我略陈愚见,我们有很多可做的,因为汽车从本质上来看,一点都不酷,人们对汽车之所以心心念念,那都是文字熏陶出来的。几十年来,汗牛充栋的文章反复地游说美国人相信,汽车是值得拥有的。汽车制造商在把汽车卖给我们之前,首先向我们兜售他们的观念,说汽车是令人羡慕的,甚至是生活所必需的。为了做到这一点，他们还直截了当地让我们相信，乘坐公交车是尴尬的、没面子的，甚至是危险的。即使在今天，这种观念仍然大行其道。当被问到公共交通在未来发挥的作用时，汽车制造商埃隆·马斯克反驳道："那太惹人烦了，所以每个人都不喜欢。车上有那么多陌生人，都是四处游荡的，谁知道哪个是杀人惯犯？所以，我的观点很有道理。这就是人们喜欢个人化交通的原因，你想去哪里就去哪里，你想什么时候去就什么时候去。"[1]（杀人惯犯吗？真的会有吗？）

弄明白汽车理念是怎样被售卖（同时公共交通是怎样被污名化的）给美国公众，并进而售卖给全球公众的过程，不仅很有意思，而且非常重要，非常关键，因为这种新的认识可以让我们摈弃这个流行了几十年的观念。

为了做进一步的探讨，我们需要再次回到本书导论中介绍过的马丁·海德格尔及其深刻的洞察。也就是说，我们接受并认可那些我们出生时就被"抛入"的文化中的很多思想，认为那些思想是自然的、正确的。事实上，它们看起来是那么自然，以至于我们甚至极少想到去质疑（更不用说拒绝了）。这就提出了一个非常明显的问题：如果这些思想不是我们原创的，那么它们究竟是从哪里来的？海德格尔的答案是什么呢？是"来自世界"，来自我们出生时的那个特定历史文化。但是，更具体一些，它们是如何产生的？答案非常简明直接，尽管也许会让你感到惊讶。

我们的世界在很大程度上是被书写出来的。在历史上的某个节点，我们集体遵从的思想第一次被某个人（或某些人）汇集成文字，然后与其他人分享并进行公开讨论、争辩和修改。即使这一切发生在几百年前，但那些思想到今天可能依然适用，我们甚至仍然能够对其进行讨论，并让它们有新的发展演化，特别是，如果它们

---

① https://www.citylab.com/transportation/2017/12/what-elon-must-doesnt-get-about-urban-transit/548843/。

是通过书写而具体化的就更是如此。如果那些思想产生了影响，比如我们前面提到的弗雷德里克·道格拉斯和亨利·戴维·梭罗的著作，那么就会有助于构建一个未来的世界（就他们而言，是构建我们的世界）。当然，思想的传播和继承并不必然诉诸文字。比如，绘画不会张口说一个字，但一样能传递思想。此外，最近一个被称为“物向存在论”（object－oriented ontology）的思想流派在很大程度上受到了海德格尔的启发。它表明，即便是日常生活中的普通物体，也会被赋予意义。但是，正如海德格尔在其最成熟的著作中所言（很多思想家，甚至早至柏拉图，就预言了这一思想。从那以后，很多人都追随他的思想），语言是思想最标准的载体。语言尤其是书面语言，可以说是思想存在和孕育的最好地方，是其他地方所不能比的。语言有时能穿越数百代人，延绵几百万人的生命历程。

尽管我第一次接触柏拉图的这一思想是在少年时代，但它对我的深远影响是在几十年以后渐渐显现出来。这应该值得我们深思，尤其是，书写世界的不只有道格拉斯和梭罗等思想家。在梭罗150年前认识到这一问题的同时，企业也意识到了。事实上，由于企业投入了很多，所以它们成为主导者。这有点像《黑客帝国》（*The Matrix*），但是企业要把我们塑造成对他们最有利用价值的人。

几年前，我去看望朋友的时候，对此的感受就非常强烈。他们的小女儿，大约六七岁的样子，正在看电视。我不时地望过去，很明显地看到，那个电视节目是专门给小姑娘制作的。吸引我注意的是上面插播的广告，多数广告推销的东西你都可以想象，比如玩具、加糖的早餐麦片、当地的主题公园。不过，其中一个广告完全是另一种风格，那是宣传一个大化妆品公司的，播放着模特在加勒比海滩开心快乐的画面。这个广告反复地切换模特们用化妆品的镜头，显示那些模特在化妆中度过轻松愉快的时光。我知道这个广告是插播在一个定位于小女孩的节目中，所以就想等等看它如何结尾。难道他们真的想把口红卖给6岁的小女孩吗？

后来发现，他们不是要卖口红给小女孩。这个广告不是设计要出售一个特定的产品，而是兜售一个含有多种产品的品牌。那个广告只有60秒，宣传的是化妆品让年轻女人幸福快乐（实际上，是一种特定品牌的化妆品让年轻女人幸福快乐）。那么，他们是希望6岁的小女孩买他们品牌的眼线笔吗？如果真的是希望把化妆品卖给小女孩，你会认为那些模特里面至少应该有一些是孩子。他们为什么反而只让年轻女人出镜呢？

原来，这个化妆品公司所要的远远比化妆品多。令人震惊的是，他们已经开始培育消费者了。

第一，他们给小女孩看那些幸福的、迷人的年轻女人的形象。第二，他们单刀直入，让人看到幸福的来源，那就是使用化妆品。广告里并没有建议小女孩应该涂抹化妆品，但是它让人感受到，化妆是成为一个女人的必要组成部分。这个阶段可能需要10年甚至更长的时间，但是通过反复不断地、润物细无声地向女孩宣传通向女人的道路是化妆品铺就的这一观念，一代消费者就培养出来了，她们的自我认知（就此案例来说，指的是她们的性别自我）就依赖于化妆品公司提供的产品。事实上，一个人的自我身份认同在最初形成的时候很脆弱，有许多要考虑的东西，比如拥有自我身份认同的渴望以及缺失的恐惧，所以那个化妆品就变得极其重要，因为它被认为是幸福和成功的成年人生活中的必要组成部分。

这种做法并不一定要针对孩子，更为重要的是，所有的产业都可以如法炮制。1992年，美国食品和药品管理局（FDA）颁布了其第一个食物金字塔（Food pyramid）指南，呼吁为了健康而限制肉类消费。同年，全美禽类和肉类协会（National Livestock and Meat Board）通过其公关部门的牛肉产业委员会，发起了“牛肉，是晚餐的必需品”运动。由于担心整个产业受到威胁，牛肉产业携起手来，全力以赴地说服美国人相信，吃牛肉是每个人每天食物的正常组成部分。如果化妆品行业要培养新一代女性消费者，他们也可以这么做，并提出这样的口号："化妆品，让你成为女人的必需品"。

尽管我们可能会认为企业存在的目的是为我们服务，向我们提供诸如化妆品之类所有诱人的消费品，但是也可以从另一个方面进行理解，那就是人类存在的目的是为企业服务。人的消费就是帮助企业，让企业赚钱。因此，企业就将大量的精力和关注力投入到那些愿意长时间工作的人身上，把他们培养成消费者，从而推动产业的繁荣发展。正如我们在本书第一部分所看到的，梭罗竭力想让我们明白这一事情的真相。比如，制衣产业的目标"不是让人类穿得好，穿得体面，而是要让公司富有，这是毫无疑问的"。

再回到汽车上面，美国人一出生就被抛入一个其自我意识部分依赖于开什么样的车这样一个世界里。如果我们想让自己看起来有影响力，是成功人士（也许更重要的是，我们想让其他人也这么看我们），那么，我们可能就要驾驶某款高性能的、豪华型的或者超大型的汽车，比如 SUV。与此相反，如果你骑电动自行车，就不会有助于提高你的自我意识。事实上，在持同样想法的公众看来，骑电动车可能无法让我们确立自我意识，甚至显得可笑。

如果我们个人和群体所秉承的是被建构出来的思想与价值观念，这就意味着它们的历史是可以追踪的，也是能够更好地去理解的。这是我们在导论中介绍的作为文学和文化批评学派的新批评所持有的核心理念。但是，我们还可以再深一步。如果我们从过去转向未来，那么就会很清楚地看到，不仅我们当下的世界正在被书写进历史，我们未来的世界也正在被书写进现在。因此，百家争鸣都旨在赢得未来。正如一个半世纪前的道格拉斯和梭罗书写规划我们的世界一样，那个赢家（或者更准确地说，那些赢家）将在书写规划未来世界方面发挥一定的作用。

如果这样的认识看起来非常浅显，根本不需要我著书指出来，那么请允许我道歉。但是,在我看来,认识到这一点的重要性就像是雷霆之力击中了我,因为很显然,我(事实上有不少人文领域的学者,尤其是环境人文领域的学者)从很多方面都被引入了错误的方向,走向了过去,而不是走向未来。尤为严重的是,由于被引入了错误的方向,我们没有采取任何措施来推动我们的文化走向自然。

话又说回来,走向过去也不完全是错误的方向。我仍然相信,过去的历史中有很多可以学习和借鉴的东西,我做科研初期(以及这部书的上半部分)所写的不少文章都源自这种认识。尽管如此,就我们的未来而言,今天所书写的,比如那些挑战汽车工业的文字,一定会在书写我们未来的世界方面发挥关键的作用,这是显而易见的。

正如我在本书第一部分所希望展示的,过去显然是很重要的,教训当然也是可以汲取的。然而,现在是需要我们行动的时刻,特别是在目前的情况下。我们再次回到弗雷德里克·道格拉斯的例子上,我们当然可以将美国奴隶制的历史追溯到他的演讲发表之前的两个多世纪。我们甚至还可以再往前追根溯源,看看出现这种可怕状况的舞台是如何搭建起来,并成为现代欧洲奴隶制的先声的。不过,当道格拉斯叙写他的奴隶逃亡之路和发表演说时,事情很快在美国达到了危机爆发的关头。美国历史到了关键时刻,这是由关于奴隶制的论争决定的,因为它导致了南北战争的爆发。这一论争在很多方面都超越了其他所有的矛盾。在这一论争中,有两种截然不同的观点,一是想象一个保持奴隶制的未来,一是想象一个废除奴隶制的未来(这是道格拉斯的观点),这两种观点激烈争锋,都希望赢得自己的未来,因为那个未来对于获胜者来说具有难以估量的价值。

美国历史在我们所处时代的当下,又到了关键时刻,这是由关于气候变化的论争决定的。就在几十年前,这个问题还只有屈指可数的科学家知道，而现在已成为全球性的问题，比任何其他问题都更能决定我们置身其中的 21 世纪。因而，如果你对关于未来的辩论和竞争感兴趣，那么你很幸运，因为这既是令人心驰神往的时刻，也是令人胆战心惊的时刻。似乎无论在什么地方，我们都可以见证由于气候变化而产生的文化冲突。尽管最显而易见的争论是承认还是否认气候变化（我们在下一章将讨论这个问题），但是我们在各处都能够看到这种冲突，因为我们的生活现在需要针对不断变化的气候而做出改变。

上面的这个认识是我研究、教学和生活的转折点，将成为本书第二部分的主体内容，因为我认识到，如果我想洞察未来会怎么样，必须从过去的文本转到现在的文本中。当然，这样做有一点冒险。所有看起来不重要的文本（比如《瓦尔登湖》刚出版时），都会以我们还不理解、甚至不怎么喜欢的方式塑造未来。然而很明显，阅读这样的文本将会对未来、对我们建立与地球更加和谐的关系的能力（即走向自然），产生深远的影响。

当然，我们一再强调，作为一种文化，我们拥有的最重要的文学作品来自荷马、维吉尔、莎士比亚、兰叶儿（Lanyer）、弥尔顿、伊丽莎白·盖斯克尔（Elizabeth Gaskell）、道格拉斯、梭罗等诸多真正有才华的思想家和大作家。从某种意义上说，这是对的。不过，正如我在导论中通过一个不起眼的文艺复兴时期的农场手册所阐明的，在重要性上，完全不同的文本一样可以与那些伟大的作品相提并论。

我因为认识到这一点，所以提出，我们时代的一些最重要的文本正在书写我们的未来，比如未来汽车将不再发挥重要的作用。

我的论述在前面几页转了个大弯，从伟大的作品转向了否认气候变化的汽车广告和文本。不过，我还是坚定地相信，这类文字在很多方面都不输于数百年来传承下来的那些伟大作品。当然，这不是指审美和形式，而是指重要性。不是我危言耸听，地球上未来的生活取决于如何书写和解读这样的文本。

那些让我们迷恋汽车和郊区生活的文本，给我们提供了一个对环境造成破坏的行为是如何书写而成的案例。随便挑出一个这样的行为，如果你耐心、仔细地观察，就会发现它的历史及其背后的秘密，了解它是如何被一步步书写成为时尚的。

好消息是，新的话语总是挑战和替代旧的话语，道格拉斯就是一个显著的例子。这一认识引起了我的思考。像我这样的学者，虽然是文化历史学家，却常常站在历史的边缘，这多少有点嘲讽意味。这并不是说我们没有观点，而是说我们的专业观点多指向过去，最多也不过是说些过去如何影响现在的话。因此，在直接推动迎接更加美好的未来方面，我们往往不能发挥专业性的作用。但是，如果我们大胆地往前迈一步，直接进入现场，也就是进入文化现场，着眼于推动书写更加美好的未来，情形会是怎样的呢？

几十年来，某些活跃的学者一直在以各种各样的方式做着这样的事。在过去 50 年里，一批女性学者不遗余力地积极行动，奔走呼号，抗议父权社会和歧视女性的行为。那么，为什么不能以类似的方式来挑战那些对环境造成破坏的行为呢？

我想到两种主要的方式来迎接这样的挑战。第一，从某种意义上就是我在本书中一直做的，那就是先研究，然后引起人们关注那些令人不安的文化行为，并让他们了解每个人可以发挥的作用。如果我们引起了人们足够多的注意，让足够多的人关注，也许我们就能够阻止那些行为。几十年来，女性主义学者和活动家一直在这么做，而且取得了很好的效果。

挑战那些对环境造成破坏的行为还有另外一种方式，而且甚至是更加大胆的方式。除了研究、引起人们的关注，如果我们能够更进一步，帮助书写更加美好的未来，那该怎样去做呢？如果我们这样做了，就能在帮助推动我们的文化前行方面发挥直接的作用。当然，仅是引起人们对令人忧虑的文化行为的关注，就非常有用，不过，由于这种方式不是立足于面向未来，因而它不能提供任何东西来替代那种不好的文化行为。如果我们真的要参与帮助书写未来，并通过这样做来提供一些新的、更好的东西，从而推动我们走向自然，那么，我们应该做些什么呢？

我暗下决心，尝试率先吃一下这个螃蟹。

尽管我脑子里最先想到的需要重新书写的文化行为是汽车使用，但是人算不如天算（我认为，天算得更好），我还没来得及考虑如何下手，就有了新的任务。由于在我供职的大学我还承担着可持续委员会的工作，所以制定我们的“气候行动计划”（Climate Action Plan）的活儿，就摆在了我的案头，主要是对我们学校的温室气体排放撰写一个详细的评估报告。这个报告不仅要计算我们校园以及学校车辆的直接碳足迹，[1]而且还要包括为校园和车辆提供支持的大量设备及其活动的所有碳足迹，包括校园宿舍。阅读这份报告的时候，我对其中的一个数据感到尤其震惊，这个数据是关于我们学校的教职员工乘飞机外出参加会议、做报告、出席研讨会等活动的，其碳足迹大约占学校总数的三分之一。

这让我立刻想到，乘飞机参加学术活动是一个亟须全面修正的行为。的确，在引起气候变化方面，乘飞机参加学术活动所造成的影响根本无法和美国的汽车相比（任何一个领域都不如汽车使用对环境造成的危害严重），但是乘飞机参加学术活动这个问题要比汽车使用容易控制得多。如果运气好，兴许能从某些方面对此行为进行改变，也就是进行重写。尽管这个问题需要做长期的打算，但我还是很快决定至少在我的生命中，要拿出几年的时间来尝试一下。本书的很多内容将聚焦于我在这项工作方面的努力。我在这一章中提出了我自己解决问题的方案和构想，在最后一章和附录里，我将详细介绍我是如何撸起袖子在这个极其重要的项目

① http://www.sustainability.ucsb.edu/wp-content/uploads/CAP_2014_Final21.pdf。

上真刀真枪地实干的。

从环境的角度考虑,很明显,如果我们能摈弃这种行为方式,那是最理想不过的。问题在于,在学术界,学术会议和讲座、报告等是非常重要的。学术思想在期刊上正式发表以前,往往是在学术会议的发言或者应邀做的讲座中率先公之于众的,而且可以得到现场的交流,要比期刊发表早几个月甚至几年的时间。长久以来,事情一直是这么过来的。1910 年到 1915 年,爱因斯坦痴迷于在狭义相对论的基础上提出广义相对论,他在学术会议和讲座中不厌其烦地介绍其当时还在完善之中的理论,希望他的同事能帮助他解决这个问题,结果当然是同事给予了帮助,帮助爱因斯坦取得了这一巨大成功。这个简单的事实说明,学术会议是孕育新思想所必需的(而且往往是令人振奋的)平台。

但学术会议也会带来环境灾难。再回到我供职的大学的碳足迹。前面所说的乘飞机出行每年直接向上层大气中排放 5500 万磅的二氧化碳,是导致那里气候变化的最大因素。如果把 5500 万磅二氧化碳换算成人的碳足迹,那就等于菲律宾一个 2.75 万人口的城市一年的碳足迹。而且,这比我所在大学的所有本科生、研究生和教职员工的碳足迹还要多。

这个问题还可以从个人的角度进行计算。彼得·卡尔穆斯(Peter Kalmus)是美国航空航天局喷气推进实验室的气候科学家,他就做了这方面的测算,发现他自己每年的温室气体排放三分之二来自乘飞机外出参加学术会议,剩下的三分之一来自他的汽车、用电、家里取暖和做饭用的燃气、食物、废水等。[1] 不是所有的学者都乘飞机出差这么多,但是,一位乘客一次洲际往返飞行就排放 1 吨的二氧化碳,等于人均每年排放指标的一半。如果我们希望将全球气温增长控制在 1.6 摄氏度(《联合国气候变化框架公约》第

① https://grist.org/climate-energy/a-climate-scientistwho-decided-not-to-fly/。

21次缔约方大会上通过的《巴黎协定》所确定的目标),那么每人每年在地球上的二氧化碳排放就不得超过2吨。

尽管不同的个人和单位在温室气体排放方面有着明显的差异,但是对科研院校来说,这是一个大问题。说句不中听的话,从环境角度看,乘飞机出行是学术界最主要的不可告人的小秘密。一般来说,不出门参加学术会议不是一个好的选择。“不发表就死亡”(publish or perish)这句俗话还有另外一个没那么有名的版本——“不露面就死亡”(present or perish)。在很多科研院校,学术会议和讲座报告是与任职期间公开发表的论文及其他成果考核联系在一起的。从研究生去参加学术会议进入学界江湖,到专业学者参加学术会议发表主旨演讲,学术会议已经渗透进学术界的血液里。

美国拥有将近5000所大学,所以每年要举办数万次学术会议。有些学术会议的规模很大,现代语言学会(MLA)年会的平均规模是7000多人参加。而且,学术会议只不过是冰山一角,据有些估算,仅仅美国每年举办的各种会议、研讨会、交流会等活动,参加人员就超过2亿。

但是,乘飞机出行是个特权,全球范围内只有少数人能享有这个权利,绝大多数人从来没坐过飞机,只有5%的人每年能乘飞机出行。即便在美国,有一半的人每年乘不了一次飞机,能够一年乘三次或三次以上飞机的人,只占总数的四分之一。但是,由于参加各类学术会议,学术界的人往往属于那四分之一的范围。如果拿地面交通来做参照,那么我们的这类出行不属于步行、骑车或使用公共交通的人,甚至也不属于用混合动力汽车来拼车的人,我们应该属于那些独自驾驶SUV的人。

传统学术会议的缺点还不只限于环境问题。从发展中国家的某个城市到北美或欧洲的某个城市,其飞机票费用一般大于那些国家的人均年收入。因此,世界上大多数国家的学者以及几乎所有南半球和发展中国家的学者，长期以来被悄悄地、直接地排除在国际学术会议之外。即便是在富裕国家比如美国，由于资助经费不同，参加学术会议的分布也很不均衡。

为了反映这种状况，我认识到应该做点什么，而且是现在就做。我还想到，就像前面提到过的汽车使用一样，仅仅依靠技术是解决不了这个问题的。

现在的事实是，如果这个问题能够通过某种神奇新技术的应用来解决，比如说，一种新型的碳中和电动飞机，那就太棒了。现在的问题是，在可以预期的将来，还没有可能出现这样的技术成果。的确，小型试验电动飞机已经在试飞，但是，即便能研制出来，近期也不可能有每小时可以飞行500英里以上的电动飞机。

如果电动飞机不行，也许可以用生物燃料。2016年初，美联航引进了少量商用飞机，其30%的燃料是生物燃料（其他70%是用石油提炼的航空燃油）。[1] 不过很明显，这种生物燃料的来源需要考虑一下，因为使用农田生产燃料而不是生产粮食，这对我们缺少粮食的地球来说，肯定是有问题的。尤其是，诺贝尔化学奖得主保罗·克鲁岑（Paul Crutzen）认为，生产生物燃料更容易造成气候变化，因为生物燃料生产过程中排放的一氧化二氮，比使用生物燃料替代化石燃料而减少排放的温室气体还要多。“人类世”这个术语就是保罗·克鲁岑提出来的。[2]

还有一种可能，就是让现在的飞机变得更加高效。比如，英国的易捷航空建议在它的客机机轮上使用电动马达，动力来自氢燃料电池，用于飞机起飞前和降落后的滑行。飞机飞行中消耗的燃料有4%用于滑行，如果易捷航空的建议是可行的，那么会带来真

---

① https://www.united.com/web/enUS/content/company/globalcitizenship/environment/alternativefuels.aspx。

② https://www.atmos-chem-phys.net/8/389/2008/acp-8-389-2008.pdf。

正的燃料节省。[①] 更为重要的是,飞机制造商空客公司也在努力减少其飞机的重量,从而让飞机变得更加节能。空客 A350XWB 型飞机使用的材料,53% 以上是轻型复合材料,可以节约 25% 的燃料。[②]

让我们假设,使用以上以及尚未出现的技术,可以在 2050 年减少 50% 的温室气体净排放。事实上,这是政府间气候变化专门委员会(IPCC)提出的最乐观的前景。[③] 问题是,飞机乘客和航班数量均比以前增长的速度更快。国际航空运输协会(IATA)指出,2014 年,全世界有 33 亿航空乘客。[④] 国际航空运输协会认为,这个数字到 2034 年将翻一番还多,达到 73 亿,从而大大抵销使用先进技术所带来的温室气体减排效应。

很清楚,单纯使用技术手段来解决乘飞机出行问题是不够的。与此不同的策略是,我们需要问一问为什么人们(就这个案例而言,是学者们)要乘飞机出行那么多。如果径直提出警告,要求所有的人都禁止乘飞机,从而解决这一问题,那么这看起来是非常有效的。但是,如果不首先从更高的层次上了解一下我们为什么提出这个要求,那么这样的解决方案就不会引起人们的注意。更为重要的是,如果我们理解了通过这种文化实践所获得的成效,我们可能会发现,我们自己提出的建议在解决气候变化问题上,要比美联航、易捷航空和空客公司所采取的措施更有帮助。

控制人类导致的气候变化大致有两条路径。一是推广普及技术,减少或封存温室气体排放;二是对引起大量温室气体排放的文化行为进行重构。对于第一条路径,人们已经倾注了大量的精力,有时还表示,我们不需要采用第二条路径。

技术解决方案很有吸引力,因为它们有时会让我们感受到,我

---

① https://www.theguardian.com/travel/2016/feb/02/easyjet-plans-cut-carbon-emissions-hydrogen-fuel-cell-trial。

② https://www.airbus.com/aircraft/passenger-aircraft/a350xwb-family.html。

③ https://www.ipcc.ch/pdf/special-reports/spm/av-en.pdf。

④ http://www.iata.org/pressroom/pr/Pages/2014-10-16-01.aspx。

们不必太多地改变我们的日常生活。从开一辆5000磅重的喝油的大老虎凯迪拉克SUV，到开一辆同样5000磅重的电动汽车特斯拉SUV，不需要我们作出太大的改变。这种不改变让我们感觉良好，也许还有点自鸣得意，其中部分原因要归功于技术解决方案的魅力（以及特斯拉的成功，这是对那些能买得起的人来说的）。

如果要求我们在日常生活中做出重大改变，那就完全是另一个问题了。人们下意识的反应往往是拒绝改变，甚至否认改变的必要性，这种现象一点都不让人感到惊奇。否认气候变化这一论调之所以盛行，部分原因在于，很多人本来就倾向于接受那个观点，因为他们自己就否认气候变化。气候变化会给我们的生活带来可怕的环境影响，由于这一事实很难被理解或接受，所以人们本能的反应就是否认那个问题的存在。特别是当提出的对策建议需要放弃那些我们生下来就被教育有着重要价值或凸显我们欲望的东西时，比如汽车和牛肉，情况更是如此。在关于气候变化这一现实的问题上，数千万的美国人处于否认气候变化的状态，这一点也不奇怪。

但是，如果被要求做的改变既能对环境更友好，又能让人们更渴望去做，那会怎样呢？更进一步说，如果被要求的改变能够让我们感觉更好，那又会怎样呢？当我苦思冥想如何才能改变学术界这个历史悠久（但是对环境造成破坏）的举办学术会议的传统时，我头脑中就不断地闪现着这些问题。

传统的学术会议无疑有很多值得称道的地方，如果没有，就不会成为学术界延续已久的做法。不过，这种做法远非完美。当我从一开始全神贯注于学术会议在环境方面的不足时，就发现，我对此思考得越多，越认识到这个无所不在的会议传统有着诸多的严重问题。

我很快就想到，如果召开某种虚拟的、在线的会议，将会大大减少碳足迹。本书的后面几章是关于乘飞机旅行的，将详细解释在我看来最恰当的在线会议模式,以及我们在加州大学圣塔芭芭拉分校的做法(截至本书写作时,我们已经举办了5次这样的示范会议)。就目前而言,我们有充分的理由宣布,可以用在线的、“近乎碳中和”(NCN)的会议模式,来替代传统面对面的学术会议。这种模式有3个主要组成部分:1. 会议演讲者录下来自己的学术发言,并上传到大会的网站;2. 会议“参加人员”自己选择时间和地点在线观看那些上传的学术报告;3. 会议召开期间,通常是两到三周的时间,会议参加人员在网上展开基于会议发言材料的问题与答疑(Q&A),来进行学术交流活动。

尽管人们都感到惊诧,但是这种模式与传统的学术会议比起来,有着很大的优势,以下是最突出的几个优势:

1. 在环境方面的好处是相当惊人的。我们的NCN示范会议所排放的温室气体还不到传统会议的1%。如果在计算机和数据传输中采用可持续电力(到2025年,加州大学圣塔芭芭拉分校所有的电力都将来自可持续能源),那么温室气体排放将减少至1%的1/10。换句话说,1000个NCN学术会议的碳足迹只相当于一个传统学术会议的碳足迹。

2. 因为没有旅行的需要,全球几乎任何一个地方的学者都可以参加,事先录制好的学术报告可以在任何时候观看,基于发言材料的问题与答疑专题延长了好几个星期,从而解决了因时差带来的挑战,并形成了真正的全球互动。其中一个NCN示范会议的参会代表来自6个洲。

3. 总的来说,这种形式的会议比传统会议更容易参加。因为a. 旅行限制的消除还意味着消除了很多行动不方便的障碍,b. 预先录制好的学术报告为听力困难的人加上了字幕，c. 考虑到视力有障碍的人，会议的网站设置了屏幕听力阅读器，同时学术发言也可以通过听力播客（podcast）进行收听。

4. 与开放性的学术期刊类似，NCN 会议建立的学术论文档案库（包括录制的发言和问题与答疑专题的讨论记录），几乎可以给世界上任何地方的任何人即时的和长久的查阅许可，只要人们有互联网，就能查阅提交会议的所有前沿资料。相比而言，传统会议往往是关着门召开的，只针对那些能够参加会议的少数人。在很多方面，这种网上会议档案库对只选择部分会议论文结集出版提出了挑战。

5. 平均来说，示范会议的问题与答疑专题部分的讨论量是传统会议的 3 倍，有几个专题的讨论量甚至是 10 倍多或 15 倍多，这很清楚地说明，虽然形式与传统会议不同，但有意义的个人互动不仅是可能的，而且在某些方面更具优势。

6. 由于 NCN 会议的费用比传统会议低很多，所以不少组织和机构，特别是那些在合作举办国际会议方面缺少经费的发展中国家的大学，现在就可以一起参与组织举办了。我们的示范会议使用的大多数是免费的、源代码开放的软件。

7. 这样的学术会议可以让参加人员的时间得到最有效的利用，因为参加人员可以根据自己的兴趣查阅任何一个学术报告或问题与答疑专题。所以，NCN 的这种做法可以让我们依照顺序一次收听所有那些我们感兴趣的报告，对那些我们不感兴趣的报告，完全可以忽略。

8. 会议报告和讨论的字幕使用多种语言。尽管这不是专为示范会议准备的，但是未来的会议将具备这一功

> 能,报告人用自己的母语发言,而字幕则使用英语。另外,我们还计划所有的发言和讨论都配备西班牙语和英语字幕。因此,NCN 会议可以说是真正的多语种会议。

在总结这些优势的时候,我们很快就发现,这种会议模式不仅对环境有好处,而且对所有参加人员也有多方面的好处。它解决了传统会议存在的一些严重的、令人烦恼的问题,比如多数发展中国家的学者不能参加。由于世界上的很多学者被排除在这样的学术会议之外,所以不仅是发展中国家遭受了损失,其他国家的学者也遭受了损失。

当从学术会议之外的角度来审视这件事时,我突然想到,由于应对气候变化而改变我们的生活,在很多人看来,这意味着我们需要做出某些牺牲,或者至少是做出少量的牺牲。但是,如果我们不必做出牺牲便能从中获得某些好处,或者也许还能获得很多东西时,我们会怎样做呢?总的来说,即便没有环境保护方面的好处,这些事也依然值得去做。

仔细思考这种情况,我认识到这种做法有多么的激动人心,因为我们正在以新的、令人振奋的方式来重写那些陈旧的行为,使传统的习惯焕发旺盛的活力。尽管我们的主要动机在于保护环境,但是其中仍然孕育着改善我们的文化和生活的机会。换句话说,让我们不局限于治理气候变化,让我们在迈步走向自然的征程中解决一系列的问题和社会弊病。

在这方面,人文科学可以发挥十分重要的作用。不过,很明显,它不能自个儿做这一切。实际上,借用查尔斯·珀西·斯诺(Charles Percy Snow)的话,这是一个真正的"两种文化"项目。如果不是整合利用计算机和网络技术,我们的 NCN 会议就不可能举行,甚至都不敢想象。实际上,只有当在线技术成为可能的时候,我才消除了对解决传统会议某些不足的顾虑。从另一个角度来看，如果没有更绿色的文化行为（就像我们这样完全避免乘飞机出行的新型会议举办方式），那么很明显，再绿色的技术（如前面提到过的采用新一代更高效的飞机）也是不够的。简而言之，现在需要的是跳出窠臼，进行创新思维，采取兼容应用科学和应用人文的策略。

可以说，不仅航空旅行是这样，地面交通、住房、食品、衣物等，也可以这样做。事实上，只要你开始思考，就会清楚地发现，通过协作共进，科学和人文联起手来可以解决我们生活中很多急迫的问题，不管是环境领域的，还是其他领域的。

在本书的最后一章“艰难的探索”中，我将探讨我个人通过重构学术会议的特定文化行为，在推动走向自然方面所做的努力。我的目的是，让这些会议不仅在环境方面更友好，而且在很多其他方面也能带来好处，比如让各地的学者更平等地参加会议，更容易地获取会议资料。

在本章结束之际，我们还要在总结中对本章开头提出的问题提供一个答案。那个问题是：我们如何开始创造一个新的、更好的环境时代？总起来说，本章回答了这个问题，这就是我们需要将它书写出来。如果你好奇个人在实践中该怎么做这件事，那么关于航空出行的资料中有我的详细介绍。我想把它作为我提出的科学和人文协作解决问题的一个案例。

在本书最后一章详细阐述我在重构传统会议方面做出的努力之前，我想先阐述像我这样的文学学者应对气候变化的另一种方式。为了理解他们是怎样应对的，我们需要讨论关于否认气候变化的问题，而这一论调目前甚嚣尘上，涉及着一个繁荣兴盛的产业。

遭遇气候变化否认论

一场大战正在进行之中。数百万人生死未卜,数亿人面临着成为难民的危险,可能会酿成人类历史上最大的流散。世界经济可能摇摇欲坠,有些国家可能会整个消失。就像在所有的战争里一样,动物和植物也会遭难,数以万计的物种会灭绝。覆巢之下,岂有完卵。

导致这一切的元凶是谁呢?是大量人类行为引起的气候变化。为了尽全力减缓上述问题以及其他的很多影响,根据政府间气候变化专门委员会以及其他专家的意见,我们需要将全球变暖的幅度限制在2摄氏度(3.6华氏度)以内。为了实现这一目标,地球上大约88%的已探明煤炭、35%的石油和52%的天然气,都必须留在地下,不能开采。[①]

问题是,这些资源有着巨大的经济价值。2014年,全球7个最富有(根据收入)的公司中,有5个是化石燃料领域的,[②]它们是中石化、埃克森美孚(Exxon Mobil)、中石油、皇家荷兰壳牌石油公司(Royal Dutch Shell)和英国石油公司(British Petroleum)。这几家公司在计算其财富的时候,不是依据他们银行账户里有多少钱,而是依据其控制下的未开采的化石燃料的价值。如果我们要求地下的

---

① https://www.carbonbrief.org/meeting-two-degreeclimate-target-means-80-per-cent-of-worlds-coal-is-unburnable-study-says。

② 这是就全部收入来说的。http://fortune.com/global500/2014/。

矿产资源不能开采,那就会大大减少这些公司的价值。试想你有100美元,存在银行里,但面临的情况是,其中88美元不能取出来,这里面的道理是一样的。就实际效果来说,你所拥有的钱是12美元而不是100美元。所以,你会不高兴的。毫不奇怪,那些公司也一样会不高兴的。

文学批评家对于这个问题为什么特别关注呢?我把它称为一场战争,不是因为我们需要对气候变化开战(尽管我们确实需要那样做),而是因为一场文字战争已经开始了,而激扬文字则是我的看家本领。一方面,很多组织和个人,包括我自己在内,正呼吁采取行动来控制气候变化。另一方面,也是对立的一面,其他的组织和个人要么否认我们的气候正在发生变化,要么否认环境的变化是由人类活动导致的。

乍一看,这像是科学家与那些否认气候变化的人在辩论。不过,气候变化背后的科学已不再是个问题了。也许你已经听说,2013年的一项研究(这篇关于气候变化的论文,被媒体引用率最高)分析了大约1.2万篇关于气候变化的学术期刊论文,研究结果发现,97%的科学家认为气候变化是真实存在的,是正在发生的事情,而且主要是由人类引起的。①

但挑战是,如何让公众相信人类活动导致的气候变化是真实存在的。即便说这是个急迫的问题,那都是轻描淡写了,因为即使我们有可能将气温升高控制在1.5到2摄氏度,全球温室气体排放到2020年也将达到峰值。鉴于事态如此紧急,我们需要马上行动起来,根本不能再耽搁几年。遗憾的是,很多美国人对此提出质疑,怀疑人类导致的气候变化的真实性。② 因此,美国人在评价他们的领导人应该最优先采取的政策措施时,竟把气候变化列在了

---

① https://www.skepticalscience.com/globalwarming-scientific-consensus-intermediate.htm。

② http://environment.yale.edu/climate-communication/files/Climate-Change-American-Mind-April-2014.pdf。

前 20 名开外，[①]排在了恐怖主义、经济、就业、教育、社会安全、财政赤字、医疗费用、医疗保险、减少犯罪、贫困救济、军事、移民、种族关系、世界崩溃、税制改革、游说集团的影响、交通、政治献金、科学研究以及美国道德沦丧等问题的后面。（顺便提一下，恐怖主义在多数美国人看来是排在第一位的，是重中之重，这就是为什么有些政客喜欢就此喋喋不休。）即使就环境问题而言，美国公众对气候变化以及全球变暖的关注程度也是非常非常低的，[②]排在饮用水污染、有毒废物对土壤和水的污染、江河湖海以及水库的污染、空气污染、动植物物种灭绝以及热带雨林丧失这 6 项关切之后。从某种意义上看，这个情况在全球范围内更严重，因为全世界 40% 的成年人甚至从来没有听说过气候变化。[③]

为什么有那么多的人对气候变化不清楚、不关心甚至否认呢？很明显，几十年来，美国人受到大量充斥着虚假信息的活动的影响，这些活动得到很多机构的支持，其中包括一些持保守观点的智库（通常被称为 CTTs），比如卡托研究所（Cato Institute）、哈特兰研究所（Heartland Institute）、美国企业竞争力研究所（Competitive Enterprise Institute）。这些智库在经费上多多少少得到化石燃料利益集团的资助。用卡托研究所的话说，从里根政府甚至更早的政府起，这些组织长期以来把自己看作“个人自由、自由市场和有限政府等美国遗产”的卫道士。[④] 实际上，就哈特兰研究所来说，从 20 世纪 80 年代早期起，它一直坚决反对关于控制烟草的规定，同时，它还是茶党抗议活动的组织者之一。

就气候变化而言，赖利 · E. 邓拉普（Riley E. Dunlap）和彼

① http://www.people-press.org/2015/01/15/publics-policy-prioritiesreflect-changing-conditions-at-home-and-abroad/。

② http://www.people-press.org/2015/01/15/publics-policy-prioritiesreflect-changing-conditions-at-home-and-abroad/。

③ https://www.futurity.org/climate-change-poll-967722/。

④ http://www.cato.org/support? gclid=CMTp_ufDg8cCFQ-PaQodiAsPrQ。

得·J. 雅克(Peter J. Jacques)在2013年进行了一项研究,对1980年代到2010年出版的108部英语书籍进行分析,这些书籍都否认是人类造成了气候的变化。[①] 分析结果发现87%来自出版社的书与CTT组织有关系(目前自己印刷出版的此类否认气候变化的图书数量激增,但很难追踪)。这个比例曾经更高,从1980年代到1990年代出版的此类著作,100%与CTT组织有关系。这只不过是冰山一角,CTT组织支持大量的网站、博客以及其他网上活动,此外还有传统的广告宣传。哈特兰研究所发起组织了一个广告宣传活动,在广告牌上使用"大学炸弹客"(Unabomber)泰德·卡辛斯基(Ted Kaczynski)的照片,旁边写着这样的广告词:"我仍然相信全球变暖,你呢?"泰德·卡辛斯基这位恐怖杀人犯自称是环境保护主义者。美国企业竞争力研究所制作的一个电视商业节目认为,实际上,温室气体二氧化碳不是导致气候变化的因素,恰恰相反,二氧化碳是"生命所必需的。我们呼出二氧化碳,植物吸入二氧化碳……他们称之为污染,我们称之为生命"。[②]

本章一开始,我提到一场大战正在进行,后来我又称之为语言文字之战,这样说的时候,我脑子里想的是否认气候变化的态势以及资助和催生这一态势的组织和个人。CTT组织和其他集团或机构每年斥巨资上千万甚至上亿美元,目的是支持那些为否认气候变化造势的运动,发表出版了数千页的文字报告,对气候变化的真实性提出质疑,并取得了惊人的成功。《气候变化再审视》(*Climate Change Reconsidered*)三部曲是哈特兰研究所直接出版的一个奠基性报告,有近3000页,声称是"关于全球变暖的可能原因及其影响方面规模最大的科研调查"。

最终,随着岁月的流逝,当人类导致的气候变化产生的影响变得不可否认时,CTT组织及其盟友将会输掉这场战争。但是,它们

---

① http://www.ncbi.nlm.nih.gov/pmc/articles/PMC3787818/。

② http://www.wunderground.com/resources/climate/cei.asp。

每年依然干扰着公众的视线,不让公众知道关于气候变化的真相和我们所采取的行动。因此,气候变化的影响越来越严重,因为就在我们等待的时候,每年都有数万亿磅的化石燃料被开采和使用。[①] 化石燃料产业的目标是,在法律禁止开采以前,要尽最大可能从地下把每一个铜板的化石燃料都挖出来。那么,从地下能挖出多少钱呢?这在很大程度取决于关于自然的争论,取决于关于气候变化真相的争论。

在这方面,令人慨叹不已的是,双方并没有开展真正的争论。如前所述,研究这一问题的数千名科学家已经毋庸置疑地得出了结论(他们内部之间对这个问题不再有任何争论),人类行为导致的气候变化是一个真正的、急迫的、重大的全球危险。尽管如此,媒体的一大块阵地被气候变化否认者所占据,其目的就是影响公众的舆论。与其他很多争论不同,无论哪一方赢得公众的意见都不是此次争论的目标。的确,作为争论的一方,科学家希望说服我们相信,人类活动导致的气候变化是真的,但是对气候变化否认者来说,最重要的是混淆大批公众的认知,让公众不确定人类是否真的在极大地改变着我们地球的气候。从这个意义上看,他们的目标就是造成质疑,因为对全球变暖问题的真实性和范围持怀疑态度的人,是不大可能做出重大生活改变的,是不大可能支持为解决这个问题而投入数万亿美元财政经费的。

在气候变化这个问题上,两种话语力量在积极较量,以得到书写未来的权力。随着 2016 年 11 月唐纳德·特朗普竞选总统的胜利,很显然,争论中的否认气候变化的一方赢得了当下的美国。尽管很多州、城市、公司、大学和数百万的个人纷纷反对联邦政府的行动,但是特朗普的行动依然会在未来几年对美国的政策产生深远影响。不过,从全球来看,由于世界上几乎所有的国家都同意并

① http://www.ucsusa.org/clean_energy/coalvswind/brief_coal.html#.VcD81xNVhBc。

签署了《联合国气候变化框架公约》第21次缔约方大会上通过的《巴黎协定》,所以又是科学家这一方赢了。

但是,具体来说,像我这样的人文学者和文化历史学者能做点什么呢?

我研究的是思想理论以及创造和维系这些思想理论的文化。我们回归自然(我们在本书第一部分所探讨的)的思想,就是我研究的一个案例。我的任务是试图理解在过去几百年里作家为什么以及如何孕育和发展这一思想,尤其是,比如作家是如何从他们的文化以及前辈作家的文化中继承一种思想,并用一种有影响力的方式对其进行改造的。我还研究思想的接受史,目的是为了弄清楚这些思想是如何被孕育它们的文化和继承它们的文化所接受(或拒绝)的。比如,为什么《瓦尔登湖》第一次出版的时候没有受到关注,100多年后却成了经典作品?

为了对这些文本进行独特的研究,我需要冒着老生常谈的风险,进行认真阅读。我颇为自信的是,在攻读博士学位的时候,我在阅读方面受到了专业训练,努力做到博学之、审问之、慎思之、明辨之。在研究过去方面,像我这样的文学和文化学者可以利用这些技能,理解过去的文本是如何建构未来也就是我们的现在的。正如我在前一章所建议的,如果我们将这些技能用于研究现在的文本,就能窥视我们的环境未来是如何受到激烈的争论并被书写出来的。除了一些个人化的小争论和小问题,大的争论都集中在我们人类是否真的想走向未来,是否真的想与我们的地球以及地球上的其他生命在未来形成一种远比现在更加和谐的关系。

我在本章将聚焦于阅读,而不是书写。在上一章中,我们讨论了如何重塑我们的日常习惯(比如开车和航空旅行),从而使它们对环境更加友好。在这一章里,我想通过仔细的阅读来更好地理解关于气候变化的争论。对这一争论的研究看起来像是只有学者才能干,可是我很快就认识到,所有有责任心的公民都需要直接关注这个处于争论状态的问题,并不断完善自己的阅读技能,成为仔细认真的读者,从而把气候变化这个问题搞清楚。这是每个人都要做的,因为气候变化会影响地球上的每一个人(现在和即将到来的未来)。

一旦弄明白了这一点以及气候变化争论的真正含义,我决定给学生开设一门课,对其进行深入探讨。这门课的核心不是莎士比亚或弥尔顿的文学作品,而是聚焦气候变化争论。就我所知,这是美国大学开设的第一门此类课程,[1]主要想法是训练学生掌握细读文本的技能,从而形成属于他们自己的真知灼见。我提供给学生细读的文本涉及面很广,既有政府间气候变化专门委员会关于气候变化的官方报告,也有一系列否认气候变化真实性的文本。学生的任务很简单,通过阅读去发现真相。

第一次重开这门课是在唐纳德·特朗普上台的前一年。总统大选以后,我进一步确认了这门课的极端重要性(以及我为什么需要继续开这门课)。因为,我很悲哀地认识到,像我这样的老师对美国公众的教育在很多方面都是失败的,他们好像越来越不能自信地区分真假消息,不能自信地区分明确的事实和“似是而非”的说法,不能自信地区分因果关系和胡扯乱语。任何一位获得大学学位的美国人都应该能通过仔细阅读关于气候变化具体事实的文字,得出气候变化给美国和我们的星球带来了真实的、现存的危险这样的结论。事实上,只要上过中学,就磨炼出了基本的阅读技能。但是,让人大跌眼镜的是,有那么多美国人不能通过阅读而获得真相,从而轻易地沦为那些心怀叵测的特殊利益集团的猎物,被它们的意见所左右,拿走自己手中的选票。

如上所述,科学家完成了他们关于气候变化的研究工作,把他们发人深省的研究结果呈现给公众。遗憾的是,正是从这儿开始,事情变得乱套了。由于前面提到的受财阀资助而散布虚假消息的

---

① Shelly Leachman, “Case Closed: Depends on Who You Ask”(《问题解决了吗? 那要看你问的是谁》), in *UCSB Current*(《加州大学圣塔芭芭拉分校校报》), March 24, 2016.

活动，书店里特别是网络上，充斥着关于气候变化的相冲突的信息。正是在这一点上，我要行动起来，因为作为教师，我应该培养学生（即现在的和未来的投票者）具备必要的通过阅读获得事实真相的能力，在阅读中分辨真实的和其他混淆是非的信息。

最近的新闻提要清楚地显示，气候变化只是公众被那些似乎无穷无尽的颠倒黑白、虚假新闻以及信口雌黄所蒙蔽的诸多议题之一。因此，出于职业的考虑，我认识到教学生怎样阅读在很多方面和教学生读什么一样重要。尽管我一如既往地给学生讲授那些伟大的文学作品，我的课堂也越来越注重培养学生进行细读、审读文本的能力。

年迈的政治掮客去世并被埋葬若干年之后，今天的学生继承的是一个被当下的政策决定——比如关于煤炭和太阳能等方面的政策决定——所改变的世界。所以，认真思考这些决定是怎样形成的，代表了哪一方面的利益，是至关重要的。我们举个例子，发展替代能源用特朗普的话说是“一个大错误”，[①]并且他大言不惭地宣称“洁净煤”已经存在了。

再回到走向自然、与自然建立更加和谐的关系以及如何开启这一进程的问题，我清楚地认识到，我们首先需要解决的，是要沿着这个方向前进。可悲的是，在美国，我们还没有做到这一点。恰恰相反，“让美国再次伟大”的口号似乎是设想一个与过去一样的未来，其目标是回到过去，重现昔日所有的荣光和辉煌。这一口号甚至还设想，未来就像20世纪一样，其经济社会发展的能源动力主要来自化石燃料，而不是在21世纪主要来自可再生能源。

历史的当下时刻之所以如此令人关注、如此激动人心，是因为我们这个世界上的国家（非常遗憾，不包括美国）已经集体作出决定，要努力创建环境更加美好的未来。换句话说，他们至少在气候

① 特朗普认为：“依靠可再生能源，推动开发其他替代型能源，也就是所谓的绿色能源，是一个大错误……只不过是一个让那些环保主义者感到舒心的方式，可钱是真不少花啊。”见特朗普2015年出版《跛足美国：如何让美国再次强大》（*Crippled America*: *How to Make America Great Again*, New York: Threshold Editions）一书。

变化这个问题上发出庄严的宣告,要在走向自然方面做出积极的努力。

我开设的气候变化方面的课程只不过是希望参与历史的一点小尝试,主要想法是培养学生具备文本细读的能力,从而能作为有信息分辨能力和知识素养的公民,在构建未来世界方面发挥一定的作用。至于这门聚焦于气候变化的特定课程(我撰写此书时又一次讲授了这门课),我的想法是帮助我们走向自然。当然,我也认识到,仅仅是培养我课堂上的这些学生具备文本细读的能力,并不能在改变历史方面有多大作为。不过,正如我在这些年里所认识到的,我们每个人都需要尽自己的努力来创造一个更加美好的世界。也许令我想不到的是,这样的阅读教学能起作用,我真的认为文本细读能起到大作用。

课程开始的时候,我通常会给学生解释,不管阅读的文本是维多利亚时期的小说,还是网上的内容,有效阅读的关键之一是阅读过程必须是积极主动的。如果阅读的目的是寻找乐趣,那么在阅读中进入一个想象的世界并悠然自得地尽情享受,是无可厚非的。但是,如果是带着批评的眼光去阅读,就得认真思考作者写的是什么,文本要表达的思想是什么。作者的能量十分巨大,他们可以尽其所能,神不知鬼不觉地影响读者的每一步阅读体验。从这个意义上说,作者就是引导我们通过一片未知区域的向导。他们不仅决定着我们阅读什么,而且在我们阅读的时候,还能通过他们的巧做安排来影响我们怎么阅读。简·奥斯丁(Jane Austin)极大地控制着我们对达西先生(Mr. Darcy)的喜欢与不喜欢,直到她认为到了该让读者了解事实的时候,才不再向我们隐瞒他是个好人的真相。读者一开始所排斥的《傲慢与偏见》中的人物,到了小说最后成为英国文学中最受人喜爱的角色之一,这充分证明了奥斯丁炉火纯青的叙事技巧。作者的写作技巧越纯熟,其驾驭文本的能力就越强,因而,其影响读者的能力也越强。

为了弄明白作者会把我们带到哪里以及为什么会带向那里，我们需要好好做一点调查研究，并进行挖掘。事实上，这是文学分析的基石。比如，如果知道维多利亚时期一部小说的作者是直言不讳的种族主义者和厌恶女性者，那么对于理解文本和作者把我们带向哪儿，会有很大的帮助。顺便提一下，对于我们在文学课堂上阅读的文学作品，文学研究者已经替我们做了很多这样的工作。不过，就最近出版发表的气候变化方面的文本来看，这种调查和挖掘的责任在很大程度上落到了读者自己的头上。

我向学生建议，进行这种调查式的阅读，首先要弄清楚下面这些问题。总的来说，这些问题是我们在整个阅读过程中都要熟记于心的。虽然这些问题都显而易见，但还是值得把它们罗列出来。

1. 作者。对于一个文本的作者，我们知道哪些？虽然了解一个人只需要到网上搜索一分钟的时间（也就这么多时间），但是结果大有裨益。比如，作者在这个领域有专业素养吗？其学历资历如何？可信度怎样？除了这本书，作者还写了别的什么书？其他作品是在哪儿发表或出版的？作者的单位或挂靠机构（可能涉及的利益集体或企业）是哪些？作者受到资助了吗？如果是，得到谁的资助？最后，我们真的了解作者了吗？如果不了解，那么很多这类问题可以在论文发表期刊、学术会议或出版社那里得到解答。

2. 出版。我们对文本出版的载体（期刊、网站、出版社等）了解多少？文本是在哪儿发表的？和了解作者一样，在网上了解一下出版机构也是让人大开眼界的。比如，这个出版机构或网站得到某个特定利益集团或组织的资助或是其附属单位吗？（这一点有时不是很明确，需要我们做些调查挖掘。）如果受到资助，那么资助方对文本的主题是否有既得利益方面的瓜葛？出版机构还出版过哪些同类的文本？这家出版机构出版的不同文本是否有什么东西可以将它们连接起来？你对这家出版机构的声誉了解多少？

3. 读者。多数作者（和出版机构）都有设想中的读者群，也就是出版文本的受众，他们既能阅读那些文本，又有可能在某个方面被他们阅读的文本所打动。你手头要阅读的这个文本的读者群是哪些人？这个文本有可能影响那个读者群吗？如果能影响，为什么？如果不能影响，又为什么？尤其是，这个文本是如何为其读者群而量身定制的？

4. 监管。这个文本经过某种方式的审查了吗？比如，大的出版社在图书出版之前都要由经验丰富的编辑对其出版的图书进行严格细致的审查。大的报社也这样做，甚至还更进一步，请专门人员仔细核对检查每一篇稿件的观点和参考文献。同样，学术论文通常在发表之前要进行同行评议。与此相对的是，很多博客文章完全是一个人写的，根本没有任何审查环节。

5. 文献。作者列出参考文献了吗？或者参考其他著作了吗？这些参考文献可信吗？这些参考文献的作者是谁？文献发表在什么地方？这些参考文献密切相关吗？也就是说，这些参考文献实际上能支持作者的观点吗？作者有时参考了一篇可信度很高的文献，但是与文章的观点只有一点点关系或根本没有关系。因此，就了解作者和文本而言，挖一挖参考文献可能还是必要的。

除了以上的调查，还有很重要的一点，作者会使用各种不同的技术和手段，去左右和影响读者。以下几个方面是我提醒我的学生务必要注意的。

1. 常识。在没有事实支撑的情况下,我们需要对所谓诉诸常识的各种观点保持警惕。比如这样一个例子,气象学家由于不能提前一周或两周进行准确的预报,因而试图预测未来几十年的气候变化就被认为是根本不可能的。即便简单一瞥也会明白,气候建模和气象学是两个独立的研究领域,使用完全不同的技术,有着完全不同的结果。作为认真的读者,我们的工作是要深刻审视这样的事实。

2. 逻辑。我们需要很小心,不要被逻辑谬误带到沟里去,比如把相关性混淆为因果性。有这样一个案例。在美国,多数有自闭症状的孩子接种了疫苗。这个简单的相关性并不能证明这些疫苗就是自闭症产生的原因。事实上,一项又一项的研究已经证明,疫苗和自闭症没有任何因果关系。

3. 情感。作者往往在说明自己的观点时打感情牌,就像运用逻辑和推理一样。那么,这篇文章诉诸情感了吗? 为什么? 取得了哪些效果? 更准确地说,作者到底是怎样利用情感的?

4. 事实。作者在文章中常常会陈述一系列事实。它们真的是事实吗? 你是怎么知道的? 那些事实能得到证实吗? 在网上只要进行一点调查就会发现那些事实是不是准确。

5. 全面。作者为什么在文章中提及某些人? 那些人是否全都支持作者的观点? 如果是这样,那可能意味着他们是作者精心挑选的,目的是为了得到他们的支持。

6. 强调。与作者在文章中提及的那些人相关的,是他们文章中强调了什么观点。那么，作者是怎样以及为什么强调那些人的那些观点的？具体来说，通过这样一番操作，作者获得了什么？

7. 遗漏。作者遗漏了什么？在有些情况下，遗漏是触目惊心的。不过，这往往需要做一些挖掘才能发现作者想隐瞒的到底是什么。

8. 淡化。与遗漏相关的，是作者有时会蜻蜓点水地提及某个重大事项，只不过，目的是为了减弱它的影响。作者在文本中淡化了什么？为什么要淡化？他的做法成功了吗？

9. 误导。作者是一直在论述其核心观点，还是在引导你得出其他结论？如果是这样，为什么？

尽管上面列的这些有不少看起来像是常识（这些建议没有多少特别重大的意义），但是并不是说带着这些问题阅读是轻松容易的。恰恰相反，这是很苦很难的活儿。把这些问题搞明白所花费的时间，可能是读文本所花时间的两到三倍。

从前，这些工作有很多是不需要的。如果是从一个可靠的来源获取的消息，比如《纽约时报》或《华盛顿邮报》，就基本上不用质疑出版机构、作者、编辑审查、参考文献等方面的真实性。在极罕见的情况下，如果作者有意玩弄事实，更不用说捏造事实，这本身就是个有新闻价值的事件，会导致其被解雇，从而名誉扫地，文章本身也会被公开撤稿。不过现在，我们正处在一个诡异的时代，我们的总统特朗普[1]竟然斥责《纽约时报》或《华盛顿邮报》刊登的文章是假新闻。

为了应对这种混乱不堪的状况，我开设了第二门课，目标更加

① 该书撰写、出版时，美国总统是特朗普。——译者注

雄心勃勃，不仅要具备通过阅读抵达真相的能力，而且要通过艰苦的工作把真相找出来。在第一门课上，我给学生提供了一个阅读器，里面包含了一批经过精心挑选、寓意深刻的文本，目的是锻炼培养学生细读真相的能力。遗憾的是，在实际生活中，面对纷繁复杂的混乱状况，没有人会给我们提供一个阅读器。鉴于这种情况，我采取了一个不同的办法。

第二门课提出了一个简单而又十分重要的问题，我们是怎样了解我们所知道的东西的？我们通过了解与气候变化相关的单个事项来探讨这个问题，比如煤炭产业及其在我们未来生活中的作用。首先，我们对煤炭工业了解多少？多数学生（就像多数人一样）对煤炭所知甚少。而且，他们所知道的有时还是错误的。比如，目前美国用于发电的大部分煤，不是人工在危险的地下甬道里开采出来的，而是从地面上的露天煤坑中开采的（顺便提一下，这也不乏危险，对环境也造成了很大破坏）。从他们所知道的东西开始，不管是对的还是错的，学生们开始进行课题调研了。

曾有一个时期，这种调查意味着学生要到学校图书馆进行数小时（也许数天）的调研。不过现在，了解世界上的知识只不过是点一下鼠标而已。但是，这并不是说网上调研更容易，更有效，甚至更快捷。恰恰相反，学生在网上会遇到海量的信息和材料，有些还是相互矛盾的。他们的任务是找到可靠的材料来源。在所有与“温室气体”和“全球变暖”相关的文献都从 EPA 门户网站上删除的情况下，找到可信赖的资源是一个不小的挑战。我曾告诉我的学生，任何一个政府网站都是可信赖的资源，但是，那样的时代一去不复返了。因此，在我们能够了解什么东西之前，比如与煤相比，太阳能有何竞争力（也就是说，这两种能源的前景如何），我们首先需要先弄明白去哪儿才能了解它们。

继续冒着老生常谈的风险，为了回答怎样才能了解我们所知道的东西这一问题，我们需要追溯这个知识是从哪儿获得的。如果这个知识没有一个可靠的来源,那么我们所知道的东西可能就是不值得知道的。因此,我们需要非常清楚,我们是怎样了解到我们所知道的东西的(即我之所以知道它,是因为我从 EPA 的网站读到了它)。

我知道,这与教学生如何读莎士比亚的一首十四行诗完全不同。因此,不止一个同事对我提出质疑,问我所讲授的是否还是英语文学。不指定任何形式的阅读文本的文学课程,当然是异乎寻常的。我们在课堂上所阅读的,根本不是多数人称之为文学的东西。不仅我的同事,甚至一些学生,对我的课程都感到惊讶。课程刚一开始,就有几个学生在了解到讲课内容后退出了。

当然,我对阅读伟大的文学作品不是没有热情。只是与以往相比,我们现在更需要训练我们阅读不那么伟大的文学作品的能力。特别是,我们(包括我自己)需要更好地在网上找到相关的信息并进行批判的阅读。与专家学者阅读莎士比亚和弥尔顿的文学作品时所使用的复杂文学分析方法相比,这种阅读可能听起来不足挂齿,但是实际上同样重要(当然,尽管是以完全不同的方式)。我再一次冒着听起来像是危言耸听的风险,可以说,民主和我们星球的未来,依赖于我们所有人获取并使用这些阅读技能。

我们需要在课堂上阅读那些否认气候变化的文本,同时,我们的学者也需要对此进行研究。令人悲哀的是,重点研究环境问题(生态批评)的文学学者对于这样做的兴趣微乎其微。

如果你碰巧读过哈佛大学历史学家内奥米·奥利斯克斯(Naomi Oreskes)和埃里克·康韦(Eric Conway)合著的《贩卖怀疑的商人》(*Merchants of Doubt*)、娜奥米·克莱恩(Naomi Klein)的《这改变一切:资本主义与气候》(*This Changes Everything: Capitalism vs. Climate*)或其他尽管不怎么出名但与气候变化相关的著作,比如前面提到的赖利·E. 邓拉普和彼得·J. 雅克发表在《美国行为科学家》(*American Behavioral Scientist*)上的研究报告,你就会知道很多关于气候变化的内幕。我特别乐意推荐大家读一读

《贩卖怀疑的商人》和《这改变一切:资本主义与气候》这两本书。不过,如果你一直仰仗文学学者(生态批评学者)来了解与否认气候变化相关的信息,那么这些著作和报告里面的东西对你来说可能都是大新闻,因为文学学者几乎不关注这些否认气候变化的文本及其支持的文字论战。

总体来说,文学学者极少参与气候变化事宜。正如蒂莫西·克拉克(Timothy Clark)在《剑桥文学与环境导论》(*Cambridge Introduction to Literature and Environment*)中指出的,第一篇"与气候变化直接相关的学术论文直到2009年才在最重要的生态批评期刊《文学与环境跨学科研究》(*Interdisciplinary Study in Literature and the Environment*,*ISLE*)上发表"(事实上,我是那篇文章的作者)。[1]而第一部否认气候变化的著作是舍伍德·伊德苏(Sherwood Idso)的《二氧化碳:朋友还是敌人》(*Carbon Dioxide*:*Friend or Foe*),早在1982年就出版了。[2] 在关注和研究21世纪可能是最重要的课题方面,文学学者当然也包括我在内,行动是异常迟缓的。所幸的是,现在情况正在发生改变。

《文学与环境跨学科研究》刊登第一篇关于气候变化的文章五年后,在2014年推出了具有里程碑意义的"全球变暖专辑"(Global Warming Special Issue)。编辑斯科特·斯洛维克(Scott Slovic)和凯瑟琳·迪恩·摩尔(Kathleen Dean Moore)热情洋溢地呼吁生态学者立刻着手研究气候变化。[3] 斯洛维克问道:"为了认识全球危机,我们把一切都放下,去追寻一个新的声音,去追寻一个新的现实,这对我们意味着什么?"摩尔的呼吁更加一针见血:

---

① Timothy Clark, *Cambridge Introduction to Literature and the Environment*(《剑桥文学与环境导论》), Cambridge: Cambridge University Press, 2011, p.10.

② 邓拉普(Dunlap)和雅克(Jacques)认为,第一部否认气候变化的书是《二氧化碳:朋友还是敌人》。http://www.yaleclimateconnections.org/2013/06/manufacturing－uncertainty－conservative－think－tanks－and－climate－change－denial－books/。

③ *ISLE*: *Interdisciplinary Studies in Literature and Environment*(《文学与环境跨学科研究·全球变暖专辑》), Vol.21, Issue 1, Winter 2014.

> 历史上的这个重要时刻要求我们,特别是我们作家和学者,我们这些文学和环境研究会的会员们,做些什么呢?现在,我们乘坐的这艘船已经在风雨飘摇之中了,我们还能再躲在甲板下面心安理得地做我们的那点事吗?我们是否应该奋袂而起,把我们的文学才华和道德力量奉献给一个新的、必要的事业,从而阻止气候变化?如果我们能有幸推动这一伟大的转折,那么,具体来说,我们要做些什么呢?

我不断地翻阅这一期的"全球变暖专辑",因为里面的信息不仅丰富,而且令人震撼。我一再地咀嚼摩尔的那个简洁的问题"我们要做些什么呢?"斯洛维克和摩尔编选的这个专辑,收录了各种题材的文字,给出了那个简洁问题的答案。与通常把学者的学术论文排在前面不同,这期"全球变暖专辑"最先编排的是30多篇文学作品,包括诗歌、小说、散文等,然后才是文学批评领域的论文,包括约翰·希特(John Sitter)论述塞缪尔·约翰逊(Samuel Johnson)《幸福谷》(*The History of Rasselas Prince of Abissinia*)的论文、帕特里克·D. 默菲(Patrick D. Murphy)论述金·斯坦利·罗宾逊(Kim Stanley Robinson)的小说《2312》以及芭芭拉·金索弗(Barbara Kingsolver)的《飞行轨迹》(*Flight Behaviour*)的论文、爱格妮斯·伍利(Agnes Woolley)论述杰夫·尼科尔斯(Jeff Nichols)的《寻求庇护》(*Take Shelter*)的论文,以及内尔斯·安康·克里斯藤森(Nels Anchor Christensen)论述詹姆斯·加尔文(James Galvin)的《草地》(*The Meadow*)和科马克·麦卡锡(Cormac McCarthy)的《长路》(*The Road*)的论文。

我一方面为来自艺术和人文领域的学者关注气候变化而深受鼓舞,另一方面既赞赏《文学与环境跨学科研究》编辑部刊发专辑背后的理论依据,也对摩尔的声明心有戚戚,因为我能想象到,她关于“什么是真实的,什么是对的”论述可能会引来批评的目光。她说:“文学是文化承载复杂、协作话语的一种工具,要说明什么是真实的,什么是对的,以及什么是不真实的,什么是不对的。”尽管如此,如果说最近几十年的文学研究还教会我们一点东西的话,那就是所有类别的文本都值得研究,而不仅限于塞缪尔·约翰逊和芭芭拉·金索弗等人所创作的文学作品。

我在这儿可以列举出很多例子,但是学术界最具传奇色彩的是后现代批评家佳亚特里·斯皮瓦克(Gayatri Spivak)从研究威廉·巴特勒·叶芝(William Butler Yeats)的诗歌(这是她的博士论文题目,也是她在20世纪70年代出版的第一部著作)等经典文学作品,转向研究那些论述殖民者和被殖民者、属下他者和主体自我之间界线的各种文本。斯皮瓦克充分借助第一部否认气候变化的书出版后所引发的十年热潮,以自己的实践向人们昭示,文学批评可以通过分析诸如美国国务院的官方文件等更加宽泛的文本,去参与研究那些玄机重重的政治事件。当然,斯皮瓦克不是进行这种转向的第一个学者,但是,作为她这一代批评家的先驱之一,她是鼓舞人心的代表人物。

更多最近的著作,比如罗伯·尼克森(Rob Nixon)的《慢性暴力与穷人的环境主义》(*Slow Violence and the Environmentalism of the Poor*),从环境公平的角度论述了后殖民时代人们关切的问题。这些著作清楚地表明,生态批评家也可以在文化上作出重要的贡献。尼克森既阅读分析阿兰达蒂·洛伊(Arundhati Roy)、因德拉·辛哈(Indra Sinha)等作家的作品,也思考诺贝尔和平奖获得者旺加里·马塔伊(Wangari Maathai)等激进主义分子的言行,所以她才能进行社会急需的环境干预,如果她把自己的阅读范围限定在小说等文本,那么她根本不可能在环境方面取得成就。

尽管如此,就关于气候变化的争论而言,生态批评家在大多数时间里都是站在边上观望,眼看着气候变化成为21世纪最重要的争论之一。这不能不说有点遗憾,因为在这场关于气候变化以及否认气候变化的语言之战中,有很多需要考虑的东西,所以,我们只要置身其中,就会以我们独特的视角做出重要的贡献。不过,这并不是说生态批评家现在没有研究气候变化,而是说他们对气候变化的关注往往是通过研究小说(比如气候变迁小说)来实现的。

然而,令人悲哀的是,在关于争取美国公众对气候变化认识的争论中,生态批评家却少有直接的介入。我不知道为什么会是这样。也许是因为否认气候变化的言行在生态批评家眼里太小儿科了,他们认为支持这一观点的人不多,甚或根本没有。恰恰相反,仅就我个人的体验而言,一开始阅读那些否认气候变化的文字时我就发现,那些言论常常是很睿智的,根植于难以辩驳的事实。但是,即便那些言论不是如此,也值得我们关注。很多写于19世纪、支持奴隶制度的美国文学,在当时很多见多识广的读者眼里,简直就是荒唐可笑。然而,这种态度既没有减弱它的影响,也没有化解它的危险。

令人感叹的是,正如后来情况所显现的,否认气候变化的文字往往针对那些见多识广、受过教育的读者。事实上,在某些情况下,这种文字在说服这些人的时候往往特别奏效,尤其是在那些自称为共和党人的群体中,最明显不过了。2015年的一次盖洛普民意调查显示,在拥有中学教育水平(及以下)的共和党人中,有23%的人"非常担忧全球变暖"。让人大跌眼镜的是,在拥有大学教育的共和党人中,只有8%的人(仅占拥有中学教育水平并担忧全球变暖人数的三分之一)有那样的忧虑。同样,在受过大学教育的人中间,认同"全球变暖从来不会发生"和"全球变暖是自然原因导致的"这样观点的人,其比例却上升到12%左右。[1]

---

① http://www.gallup.com/poll/182159/college-educated-republicans-skeptical-global-warming.aspx?utm_source=CATEGORY_CLIMATE_CHANGE&utm_medium=topic&utm_campaign=tiles。

否认气候变化人群比例的提高,很显然受到了此类文本的影响。毫不奇怪,由于经常阅读此类否认气候变化的文本,那些受过大学教育的共和党人深信,他们对全球变暖这个问题非常了解。正如盖洛普民意调查所指出的:“受过大学教育的共和党人实际上比受过大学教育的民主党人更容易认为,他们对全球变暖了解很多。”①因此,在12名受过大学教育的共和党人中,因为全球变暖问题而不能安然入睡的,一个都没有。在我这样受人类导致的气候变化影响而夜不成寐、在否认气候变化的文本中被贴上“气候变化危言耸听者”标签的人看来,这场文字论战是不会一帆风顺的。

我的课程聚焦那些否认气候变化的文本,在课程设计的时候就决定把这类文本引入我的课堂。作为研究者,生态批评家还需要将他们的注意力转向这场争论涉及的所有文本。从很多方面说,这将促进形成一种新的生态批评主义,这种生态批评主义聚焦我们时代的某些文本,特别是那些汲汲于影响政策的文本,不仅解释其是如何对环境进行争论的,还要解释它们是如何构建我们的环境未来的。我们是否决定迎接更加艰难的挑战,积极走向自然,取决于这样的争论及其文本。因此,我们需要给予其应有的关注。

下一章将回到我目前的研究项目,积极重写一个常见的行为(学术会议),目的是使它不仅对环境更有好处,而且在其他很多方面都能带来更大的好处。

① http://www.gallup.com/poll/182159/college-educated-republicans-skeptical-global-warming.aspx? utm_source=CATEGORY_CLIMATE_CHANGE&utm_medium=topic&utm_campaign=tiles。

学术会议，千里一线牵

2016 年 5 月，一个关于气候变化的学术会议在我供职的大学加州大学圣塔芭芭拉分校（UCSB）召开。如果以传统的形式开这个会，与会人员乘飞机来参加，那么总里程将超过 30 万英里，产生 10 多万磅等量的二氧化碳。一个主题是应对气候变化的会议却因为召开会议本身而同时加剧了气候变化问题，至少在我看来，简直太过分了。

相比之下，我们的会议采取了数字化处理方式。由于是在网上召开（会议发言是事先录制好的，提问与回答专题是交互式的），所以参加会议的车马劳顿就免除了。因此，整个会议的温室气体排放最多只有传统会议的 1%。因为往返会议的旅程是多数大学温室气体排放的主要来源，所以广泛地采用这种“近乎碳中和”（NCN）的会议举办方式可以每年减少几十亿磅的温室气体排放。

以这种方式举办会议对环境的好处非常多，我们真的需要好好考虑一下在 21 世纪怎样才能通过技术手段来重新谱写传统的会议模式，特别是这种历史悠久的做法已经在其他方面显示出跟不上时代的步伐了，比如有许多文化上的不足。本章和附录部分详细描述的这种新型会议模式绝不是完美的，它只是被设想为一个概念验证，以确认在线会议能够与传统会议进行竞争。截至目前，我们已经举办了 5 次这样的会议，很明显，它能够与传统模式的会议进行竞争。

从更宽泛的意义上,可以把我们的探索想象成这样一个概念验证,那就是采取应用科学和应用人文相结合的方式,解决现实世界中的问题。从某种意义上看,这种解决问题的方式没有什么创新之处,因为任何新技术的推广(如果要成功的话)都必须考虑人怎样使用它以及如何与其实现接口。但是,这往往是推广应用科学所要考虑的。然而,就我们的情况而言,这个过程首先需要明确一种特定的文化行为,接着设想怎样来书写它。之后,我们才考虑那些现成的技术,并最终拿来采用。

这种线上会议模式还大大借鉴了社会科学的经验,因为所有NCN会议的事情,都是和我的朋友约翰·弗兰(John Foran)合作完成的,弗兰是我们学校的社会学教授。

这种NCN会议模式背后的支持技术几乎都不是新的。因此,这样的活动可以比加州大学圣塔芭芭拉分校2016年的会议早十年甚至更长的时间举办(在有些情况下,的确举办了一些类似的活动)。所以,可能有人会舍弃这种会议模式,因为它太简单了,过时了,特别是,振奋人心的前沿技术已经露出曙光,可以让我们在这样的活动上利用虚拟人技术进行实时交互,也许还可以采取三维(3D)虚拟现实的方式。不过,这里描述的会议模式现在就可以轻松地实施,它采用的技术多数是开源软件。从这个意义上来说,它的简单正是它巨大的优势之一。只需要一点点智慧,就可以在几乎零费用的条件下召开这种会议。

NCN会议的目的是鼓励尽可能多的人参加,既可以是会议协调人的身份,也可以是发言人的身份。因此,发展中国家的一所大学只要有一点点经费和即便是大大落伍的台式电脑,或者一个人只要有智能手机或花费不到50美元的平板电脑,就能和其他人一样参加这样的会议。更为重要的是,由于使用的技术都是相对常见的(比如提问与回答专题与网上论坛差不多),因此,这种类型的在线会议对于参加加州大学圣塔芭芭拉分校NCN会议的人来说,是非常容易接受的。

一个简单的事实是,NCN 会议在很大程度上有取代传统会议的潜力。如果我们希望实现 2015 年《联合国气候变化框架公约》第 21 次缔约方大会在巴黎确定的减缓气候变化的宏伟目标,我们所有的人就需要重新思考那些我们常常想当然的个人行为。就学术界而言,会议旅行是环境的头号敌人,但同时也是开始减缓气候变化的突破口。

一言以蔽之,下面是对这种 NCN 会议如何运作的介绍(请注意,它与使用 skype 或类似技术的网上研讨会有很大的不同)。

1. 演讲者自己录制他们的发言。这可能是(1) 一段发言录像,通常是用网络摄像头或智能手机拍摄的;(2) 一段屏幕录制,比如 PPT;(3) 以上两种形式的混合,演讲者和内容介绍交替或同时出现在屏幕上。其他方式也是可行的,比如在加州大学圣塔芭芭拉分校 2016 年 5 月举办的那次线上会议上,有一个发言被制作成简短的纪录片,演讲者的发言是以画外音的形式出现的。现在,即便是用智能手机也可以录制高清晰的视频。

2. 发言录像可以在会议网站上观看。那些发言录像一旦放在会议网站上,任何时候都可以观看。会议发言被分成不同的组(即各有自己的网页),通常来说,每组有三个发言人和一个共同的提问与回答专题,就像传统会议一样。由于这些发言是事先录制好的,所以可以打上字幕,从而让人们更方便收看。我们学校第二次以及随后的 NCN 会议也都采用了这种办法。

3. 与会人员参加网上提问与回答专题。会议一般持续两到三周,在这期间,与会人员可参加网上的提问与回答专题,就像网上论坛一样,自己贴问题帖子、回应专题

> 里的书面问题和评论。由于可以在任何时区、任何时间进行评论，全球的学者都可以平等地参加此类会议，这是非常重要的。

我们的这种 NCN 会议只是很多种可能的会议模式中的一种，这种会议模式的优势不只是帮助减缓气候变化，很显然，由于一批新技术的出现，重新构建传统形式的会议呈现出振奋人心的前景。

乍一看，使用实时视频会议解决方案（比如 Skype、Zoom. us、WebEx、GoToMeeting 或 Google Hangouts）举办在线学术会议也是一个可行的办法，可以替代这种 NCN 模式。但是，如果这样做，就会冒着舍弃几乎所有 NCN 优势的风险。与实时解决方案不同的是，事先录制好的发言可以更方便地让任何国家或者任何时区的人观看，而且由于有事先精心准备的字幕，包括英语之外的其他语言的字幕，所以为更多的人提供了便利。在持续几周时间里举办的非同步提问与回答专题，不仅使不同时区的会议参加者能够进行真正的全球互动，而且为更多的、更高质量的讨论以及更有效地利用参加人员的时间提供了一个空间。尤为重要的是，参加人员提交的论文以及会议生成的资料可以入档，作为永久的参考文献。关于非同步发言的问题，下面将详细讨论。

我们必须实事求是，网上会议不可能真正完全地复制面对面的交流。但是，我们也得承认，考虑到传统会议巨大的环境成本及其固有的排斥他人参加的特质，现在是时候好好重新思考一下我们学术界这个基石性的行为了。

考虑到解决会议旅行问题需要我们改变自己的行为，这或许让我们感到有点不舒服。尽管如此，学术会议是我们学术界最大的温室气体排放来源，做这些改变是绝对必要的。

加州大学圣塔芭芭拉分校举办的 NCN 示范会议就是重新思考学术会议各种行为的一种努力。起初我相信，技术解决方案很显然是需要的,但是后来认识到,同样明显的是,仅靠技术解决方案是远远不够的。因此,如果说我们的解决方案也是一种技术的话,那也不仅仅源自自然科学。换句话说,我们的解决方案除了是应用科学的成果,也是应用人文的产品。

在重新思考学术会议的时候,我想到了一些基本的问题,比如,会议地点、学术报告、与会人员、提问与回答专题、同行交流等,这些概念的含义到底是什么?

从一开始我就非常清楚,如果只试图在整个项目中去除飞机旅行这一项,其他的都复制传统会议的内容,可能注定要失败。比如,即便在没有任何技术差错的前提下使用 Skype 之类的技术将几十名会议发言人全部呈现出来(一般来说,用这种方式一次只能呈现一个人,如果你参加过此类的活动,就会知道我这是一个非常大胆的"假设"),与真实的人比起来,这些呈现出来的影像总是有不尽如人意的地方。总起来说,如果线上会议试图一味机械地复制传统会议的模式,就会面临半途而废的危险。

这是早期提供在线服务的一些组织的教训。比如,网上商店看起来与实体商铺就是不一样。尽管早期的拟真网站在试验中构建的网上商店与实体商店别无二致,里面摆满了很真实的货架,上面摆满了商品,但是这种模式很快就被放弃了,因为它看起来就像是一幅现实世界的漫画。后来,网上商店开始采取与实体商铺完全不同的模式,但是为人们提供了新的服务,比如基于价格、受欢迎程度等因素的商品快速分类搜索功能。在线社交网络是另一个案例,因为它重新构想了社交关系是如何建立和保持的。虽然看起来网上建立的关系没有面对面建立的关系那么牢靠,但是研究报告一再显示,很多人感到这两种社交方式同样重要(特别是千禧一代,他们是在网上社交中长大成熟的,千禧一代之后的人更是如此)。

在过去几年,一些技术已经很成熟,足以使我们这样的 NCN 会议更具可操作性,当然也比传统会议更加高效,这有以下几个方面的表现。

> 1. 到2020年,世界上一半的人口将拥有个人制作接近高清录像的能力。这是怎样实现的?要感谢智能手机、平板电脑以及计算机摄像镜头的大力普及。几年前,能够制作如此清晰录像的摄像机要花费几千美元。而现在,全球各地的人们差不多从裤兜里拿出手机就可以录制了。
>
> 2. 宽带网络连接在世界上很多地区都已经成为标准的配置。随着数千万人每天可以上网连接 YouTube 和 Netflix,现在将高清晰的视频下载到计算机或移动设备中已经成为可能。
>
> 3. 复杂的网上合作现在也是可能的。比如,剑桥大学教授、菲尔兹奖获得者蒂莫西·高尔斯(Timothy Gowers)领导的“博学项目”(Polymath Project)利用 WordPress 的协作功能,发挥数百名科学家的集体智慧,解决了很多以前悬而未决的难题。

经过深入思考,我的思路逐渐清晰了,那就是利用上面这三项技术(以及其他支持技术),协作举办一个 NCN 会议。正如上面所介绍的,具体来说,如果(1)每位发言人都能使用计算机或移动设备录制其发言,(2)这些录像可以从会议网站上下载,(3)通过使用诸如 WordPress 那样的协作环境平台,来举办一个网上提问与回答专题,那么,召开这样的 NCN 会议就是可行的。我们的 NCN 示范会议就是这一思想观念的验证。由于计算机编程是我的一个业余爱好,将免费的开源软件整合在一起,建立专门的会议空间(网站),对我来说是相对容易的。

这些技术结合起来以后,为举办更好的会议提供了可能,会议参加人员现在可以不受地域、经费或时间(即时差)的限制,看录像、听报告,彼此之间进行互动交流。

而且,智能手机或相对便宜的平板电脑不仅是收看会议发言、参与提问与回答专题的全部设备,而且也是制作发言录像所需要的全部设备,因为几乎所有此类设备都内置了摄像头,能够以高帧率制作高清视频。另外,这些设备一般来说耗能少,碳足迹也少。(尽管这个问题实际上比看起来更复杂,但是苹果公司报告说,目前这一代 iPhone 手机的制作、运输、回收以及整个周期使用的所有能源,排放的全部二氧化碳大约是 176 磅,不到往返纽约和洛杉矶一次航程所排放二氧化碳的十分之一。)当然,是否有条件使用 NCN 会议所必需的技术依然是个问题。不过,世界上大多数的大学都为其学生和教职员工提供计算机和网络资源。

如上所述,这种会议模式可能看起来像是一种在线研讨会或实况电话会议,实际上全然不同。由于在线讨论会或实况电话会议通常要求演讲人与听众之间实时互动交流,所以有很大的局限性,而我们的会议模式采取了完全不同的策略。

如果下午 1 点在加州举办一个报告会,对于现场参加的人来说,这个时间正好,但是对于那些同时在柏林、新德里或悉尼收看的人来说,就不那么方便了,因为他们当地的时间分别是晚上 10 点、凌晨 2 点半和早上 6 点。事实上,这种时间安排对美国之外多数地区的人来说,都是有问题的。看起来,解决这个问题最简便的方法或许是以交互式在线研讨会的方式,对这个活动实况先进行在线播放,然后立即将其入档,从而让人们在其他时间根据需要进行点播。不过,在提问与回答专题部分,时差问题再次出现,因为只有那些当时参加会议的人才能提问题。这就有可能使人们将现场活动当作“真实”的活动,而将录制的发言只当作一种档案资料,尤其是,当人们无法与录制发言的演讲者进行互动交流的时候,这种感受就更加深刻。由此造成的结果是，不可避免地产生一个双层会议，一层是现场会议，另一层是档案会议，而现场会议是受到优待的，也就是说，受到优待的，是那个时区和那个地方的参加者。

我们本书中规划的线上会议模式为避免时区问题，观看发言录像和参加提问与回答专题都采取非同步进行的方式，而且持续数天，从而有效地打破了空间和时间的限制。一旦录制好的发言上传到会议网站，参会人员可以根据其所在的地区选择方便的时间随时观看并提出问题。如果 NCN 会议持续几周，那么参加提问与回答专题的人员，即使彼此之间有很大的时差，但是依然可以进行十几次甚至更多有成效的对话交流。

需要指出的是，即便我们的 NCN 会议采用了最新技术，比如采用实时三维人像技术或虚拟世界背景，通常来说依然不能克服时差问题。事实上，任何类型的实时交互，即便是在线和虚拟的，也做不到。无法做到这一点的，还包括现在已经采用的实时视频会议，比如 Skype、Zoom. us、WebEx、GoToMeeting 或 Google Hangouts 等。

事先录制好的发言还有其他更容易收看的优势。如果提前一两周录制，那就有充足的时间配上精心准备的字幕，从而为聋哑人或听力有障碍的人提供方便。同样，这些字幕还可以是英语之外的其他语言。现在，用于制作字幕的声音识别技术已经诞生(YouTube 目前就采用这一技术)，只是在准确性方面还有较大的提升空间。同样，机器翻译技术比如 Google 翻译，一般来说也能进行翻译，只是结果不敢恭维。尽管如此，YouTube 允许人们对计算机生成的字幕进行编辑，从而使得字幕更准确。我们要求所有参加 NCN 会议的代表在会议开始之前对语音识别的字幕进行校对。另外，我们为不同语言版本的发言创建了不同的档案。

总而言之，如果我们希望学术会议尽可能平等地让所有人都参加，更容易参加，那么在当下，在 NCN 会议召开之前就录制好发言资料并精心配上字幕,应该是最可行的办法,尤其是这样做可以规避时区问题,还能举办信息丰富的、非同步的提问与回答专题。值得庆幸的是,这样的会议通过整合利用现有的大部分开源软件就可以实现。

第五章“谱写环境新时代”介绍了 NCN 会议几个最主要的好处,现在需要对它们进行详细论述。总起来说,那些好处成就了一个很有说服力的案例:人们需要用 NCN 会议取代传统的会议,因为 NCN 会议不仅更为碳中和,而且更加平等,更容易参加,更节省资金,更富有成效。

抛开 NCN 会议模式这个特定的案例,为了推动文化的变革,我们需要尽我们所能,引导人们关注对环境产生破坏的行为的不足之处,比如传统会议,同时,还要提出更好的替代方案。很多文化行为延续了几十年甚至几百年,已经扎下了根。我们被成功地说服接受了汽车和空中旅行的思想,现在要摒除这些思想,则需要很长的时间。因此,我们需要提供替代方案,这个方案不仅对环境更友好,而且在其他很多方面也有更大的好处。这肯定是激动人心的,因为它给我们提供了机会,可以重新思考、重新谱写所有有问题的、落后于时代的行为。有鉴于此,下面提供一些关于 NCN 会议模式的关键“卖点”。

1. 更好的环境。会议旅行是学术界最大的温室气体来源。即使那些承诺要下定决心大幅度减少温室气体排放的机构,也还没有着手解决这个问题。比如,加州大学 2013 年 11 月保证,到 2025 年,其建筑和车辆要做到温室气体零排放。根据温室气体是来自本校的热电厂还是来自其他热电厂,加州大学把建筑物和车辆排放的温室气体分别称为类一和类二。加州大学的目标非常鼓舞人心,它是做出这种保证的第一个大学系统,但是,这个温室气体排放减排表上还缺了点什么，那就是还要把航空旅行带来的温室气体（类三）提到2025年的减排目标上。由于在可预见的将来尚没有很好的技术解决办法，加州大学将实现类三的减排目标定在了2050年。

但是，如果采取我们这种形式的NCN会议，那就不仅可以将传统学术会议的碳足迹减少至1%左右，而且还可以将类三中剩余的1%的温室气体排放转化为类一或类二的问题（根据电力的来源确定），然后通过可再生能源来解决。事实上，到2025年，加州大学系统的目标是消除类一和类二的温室气体排放，因为大学自备和购买的电能都将来自可再生能源，比如，学校的建筑物上面现在已经安装铺设了光伏太阳能电池板。如果到那时加州大学采取我们的NCN会议模式，再加上大量使用可再生能源，那么其碳足迹将只有传统会议的千分之一。

2. 更加平等。从发展中国家的任何一个地方到欧洲或美国的任何一个城市，其机票费用有时比那些国家的人均年收入还要多。这个简单的事实长期以来极大地阻碍了我们这个星球上的一大批人参加国际会议，从而使得这些会议只向为数不多的有经济特权的人开放。即使在美国这样富裕的国家，参加学术会议的机会也是不均等的，有着特权的差异。如果你有幸在一个经费充足的大学教书，那么你出差的经费可能会相对宽松些。但是，如果你在一个经费捉襟见肘的大学攻读博士学位，那么，即使有出差的经费也少得可怜。

而NCN会议几乎可以让世界上任何地方的任何一个学者参加，只要他有一台计算机或移动设备以及适当的因特网连接，所以对全球各地的学者来说，NCN会议比传统会议更加平等。因而，这种会议模式真正打开了全球性、交互性会议的大门,不因为时区、地区或经济状况而厚此薄彼。

如上所述,由于NCN会议的在线提问和回答专题是一个持续数周的网上论坛,因而消除了世界各地时差所带来的挑战。反过来说,如果举办一个为期几天的实时会议(比如通过Skype之类的技术让所有的演讲嘉宾和与会人员同时参加),那就会给一大批参会者带来不便。可是,由于NCN会议模式允许人们在白天或夜里的任何时间收看预先录制好的会议发言,并在网上论坛进行问答,因此规避了这一障碍。

3. 更容易参加。尽管多数机场配备了无障碍设施,但是对有些人来说,与机场和航空公司的沟通可能还是很困难,甚至遇到难以解决的挑战。同样,对聋哑人或听障人士来说,即便可以进行唇读,参加学术报告会可能也是一个挑战,听一个PPT讲座对于盲人或视力受损的人来说,往往也有诸多的障碍。而NCN会议从很多不同的方面,对此类的问题都提出了解决方案。

由于消除了旅行的需求,这样的会议模式就避开了很多对残障人士的制约。如果预先录制的发言配备了字幕,特别是如果字幕进行了仔细和准确的编辑,那么收听就变得不需要了。如果后台编辑采用了超文本标记语言,那么会议网站对于视力有障碍的人所使用的屏幕阅读器,就更容易实现接口的对接。同样,因为了解在线参会人员的不同需求,会议发言人还可以特别着重讲述一下屏幕上的文字,从而为那些看不见的人提供方便。

4. 更积极的讨论。学术会议的核心使命是宣传思想理论,促进思想理论的探讨。在这个问题上,从某些基本的方面,NCN会议完全可以和传统会议相媲美。2015年

5 月，在我们学校召开的第一次 NCN 会议上，在线的提问与回答各个专题所产生的讨论文字，就字数而言，是传统会议上 15 分钟的提问与回答专题的三倍，其中一个专题所产生的讨论文字甚至超过了十倍。

这就引发了一个显而易见的问题：为什么要急于在每次发言后就马上在一个单独的房间里组织 15 分钟的提问与回答专题呢？当学术会议伴随现代大学而出现的时候，毫无疑问，会议召开地点和时间的安排，就要求有这种议程。可以肯定的是，如果说一个提问与回答专题要持续三个星期，与会人员什么时候想到一个新问题就回到提问与回答专题上来，或者他们接到通知，因为某个人提了一个新问题，所以要回去参加讨论，那么，这种想法在过去一定是匪夷所思的。的确，考虑到实际条件的限制，是有点荒谬。但是，现在我们正处在一个重新构想传统的提问与回答专题模式的时代，如果我们把与会人员的学术讨论压缩到一个 15 分钟的时间段里，那看起来是一个更加匪夷所思的选择。

比如，考虑到教学和行政工作的需要，我们一学期即使参加一个时间不长的会议都是困难的，有时甚至是不可能的。如果我们在两三周的时间里拿出一两个小时的自由时间听学术报告，参加网上的提问与回答专题，那是多么好啊。尤其是，如果有机会能够不仅可以提前思考问题、进行评论和提供解答，而且，如果有意的话，还可以在发表意见之前做一点调研，难道这样不更受人欢迎吗？另外，为什么提问与回答专题主要在报告人和那些现场听报告的人之间进行呢？难道在提问与回答专题环节，报告人不期望与其他与会人员进行一次或多次讨论吗？也许这样可以为报告人提供新的研究课题。

经过思考以后,这个问题就明确了,15 分钟的提问与回答专题太短了,不利于进行协作思考。正如这个专题的名字所显示的,它主要是现场听众与发言人之间的交流,而不是一个所有参会人员之间的开放的讨论。而开放的讨论能激发很多种想法,包括相关联的甚至是边缘性的思考。另外,由于是现场临时的口头发言,可能会缺乏深思熟虑的书面发言的准确性。

如果世界各地的学者能够不受时区限制,在两三周的时间里积极参加有着很多研究线索的提问和回答专题,那么这个专题的内容会大幅增加,也许相当于一个会议小组的所有报告加起来的内容,至少与我们学校 2016 年 5 月召开的那次 NCN 会议上的两个提问与回答专题的内容一样多。由于参会人员可以在会议上结识有着相似(甚或更高深的)学术兴趣的人并进行互动交流,所以他们能够在提问与回答专题开放期间展开讨论,而不必等到这个专题结束以后(新的与会人员可以随时加入讨论)。

当然,这种会议模式也有挑战。因为网上论坛已经以各种形式存在了一段时间,所以有着自己的文化包袱。比如,与学术论文相比,网上论坛的东西从本质上显得不那么正式。但是,如果网上论坛参与者认识到提问与回答专题可能会成为引用的来源,那么就会像学术写作那样来对待它(所以,这个 NCN 模式就不接受虚拟网民,参加人员需要提前用实名注册,并填写所在单位的名称,这些信息在他每次评论和发言时会同时出现在论坛上)。

也许有人会反对,认为这种延长的提问与回答专题要求参加人员付出更多的时间。但是,会议本身就需要一段时间,通常至少要一两天,还不包括其他事项所花费的时间。安检、乘机、地面交通、宾馆入住等，都要花费我们相当多的时间和精力，其中很多环节让我们感到不快。比较起来，参加网上提问与回答专题则免去了车马劳顿，可以让我们把这些损失的时间用在事实证明是有用、有趣的学术讨论上。

5. 更快的思想传播。最近，围绕很多学术期刊的网上付费阅读问题，有很大的争论。和传统会议一样，学术期刊显然也是将很多人排除在外，因为订阅费太高。同样，学术出版的成本也是高居不下，这意味着学术书籍的定价常常超出了不少机构与个人的承受能力，全世界都是这种情况。幸运的是，最近已经有一些转机，人们在着手解决这个问题，甚至干脆取消这些付费专区，开设期刊免费阅读通道。

我们这里描述的NCN会议模式是值得我们注意的另一个方面。尤其是它让一批从前被拒之门外的学者进入了激动人心的新思想的核心阵地。在此过程中，这样的会议甚至会帮助将学者的关注点更多地引向其学术领域的前沿。从某种意义上说，学术著作的内容常常是明日黄花，因为里面所论述的思想往往几年前就在学术会议上率先发表了。因此，如果你想进入某个领域的前沿，更有可能发现学术前沿的地方是学术会议，而不是学术书籍。遗憾的是，从历史上看，只有一个拥有特权的内部小圈子才能参加那些介绍新思想的学术会议，世界上其他人则被甩在了后面，所了解的学术信息都是滞后的、零星的，有时甚至根本没有了解的途径。

相比之下，NCN会议以及会议上建立的学术论文档案允许任何一位拥有适当技术装备的人即时和永久地查阅会议上介绍的思想。那里不仅包括会议发言，还包括与之有关的提问与回答专题的讨论，这些讨论一样的有用，一样的精彩。如果管理得当，网上学术会议的档案会对传统会议出版论文集的需要提出挑战。毕竟，网上的学术档案，比如我们学校的示范项目所建立的，包括全部的会议论文及其他资料（发言稿以及提问与回答专题的讨论文字）。

在某些领域，比如自然科学，学术论文在正式发表前有时会以“预印本”（Preprint）的形式面世，这样做的理由之一是把科研成果广而告之，从而很快地得到反馈。我们这儿介绍的 NCN 会议模式具有同样的功能。

6. 更公平的举办机会。传统会议在很大程度上不仅是有特权的参加者的专属，而且也是有特权的举办者的专属。为受邀嘉宾提供住宿及安排餐饮、地面交通、会议地点、投影设备，是全球很多大学和学院做不到的（很显然，这也增加了会议的碳足迹）。从线下的传统会议转向线上的网络会议，意味着几乎任何一个地方的任何一个机构，只要具备基本的软件和硬件资源，就可以承担举办。

另外，除了组织机构，学者团体和社团也可以召开此类会议，因为他们不需要有关单位提供物理空间作为会议举办的地点。

7. 更节省的开支。费用少的会议模式无疑会受到一些单位的欢迎，尽管其拥有不错的经济条件，因为这样的会议提供了一个减少开支的机会。所以，NCN 会议模式不仅可以举办更好的会议（如上所述），而且可以举办更多的会议。由于通过这种模式使得以前不能召开的会议成为可能，因此就增加了高水平会议的数量，同时由于降低了会议的总体费用，所以也为更多的人参加学术会议提供了机会。

8. 更有效的时间利用。能够很快地浏览查阅提问与回答专题中的文本,找到自己感兴趣的资料,这是 NCN 会议模式的优势之一,因为它比自始至终坐着听一个传统的、口头发言的提问与回答专题效率高得多。同样,如果连未删节的会议发言文本都能够进行快速查询(我们最近的 NCN 会议已经在进行尝试),那么,大会的学术报告当然也可以进行快速查询。

另外,NCN 会议模式还有其他方面的优势,从而成为一个更加高效的会议实践。

传统会议有时阻碍我们听一些对我们来说很重要的报告,有时又要求我们听一些对我们来说不重要的报告。在第一种情况下,由于时间的限制,会议组织者往往不得不安排一些同时举行的专题,这也是难免的,但把我们置于在两个或更多我们感兴趣的报告会之间做出选择的困境。还有的时候,我们自始至终坐在那儿听一个由三个发言组成的专题报告会,其实就是为了听其中的一个。由于打破了这些限制,NCN 模式可以让我们根据自己的意愿,只选择听我们感兴趣的那些报告(不听那些我们不感兴趣的报告)。

更有这样的情况,我们不仅为了听一个发言而不得不陪绑听一个专题中其他两个或更多的发言,而且有时还会发现,随着发言内容的展开,这个从发言题目和描述上看起来很有意思的报告,事实上对我们没有多大用处。不过,我们不想轻慢发言人,所以还是完整地听完报告,甚至在提问与回答专题中,也是如此。通过分析我们会议的收看数据,我们发现,参会者不是收看了每一个报告,即使收看了,也不一定从头看到尾。虽然我们一开始

> 对这个结果感到有点沮丧，但是很快就认识到，会议参加人员这样做，很可能是想更有效地利用时间。他们在收看一个报告几分钟后，也许在录像中“快速搜索”一些可能感兴趣的画面后，就转向其他的报告了。

基于上面列举的原因以及其他一些原因，现在是重新思考传统学术会议的时候了。在我们实施 NCN 示范会议项目期间，参会人员和观察人员提出了很多问题。有些问题在我们解决后直接提升了 NCN 会议的水平，但所有问题都有助于我们阐述这种会议模式是如何运作的，包括其优点和缺点。本书的附录将对这些问题做详细说明。

后　记

已故史蒂夫·乔布斯（Steve Jobs）隆重推出第一款iPad时，曾吹嘘道，那是苹果公司“最先进的技术……售价难以置信地便宜”。[1] 他的这番话固然有炒作之嫌，但其价格肯定是不同寻常的，因为新技术产品的价码总是定得很高，以至于只有最迫切的“早期发烧友”才会不顾一切地追逐它。苹果公司第一台配置了其代表性的图形化操作系统的电脑，起名为苹果丽萨，1983年首次推向市场的时候，售价相当于第一款iPad的40多倍。

我们且不管乔布斯的话大部分是吹嘘也好，事实也罢，但第一时间让最多的人了解你最好、最新的成果，是一个很棒的想法。令人悲哀的是，这种情况在学术界鲜有发生，与工业界完全不同。

当学术界产生一个新思想时，往往首先在会议上发表。一两年后，可能在高度专业化的期刊上刊登。如果这个思想经得起考验，就会扩展成一本专著。所有这三种发表形式（会议论文、期刊以及著作）都是极少数人的特权。从会议论文到学术著作，通常需要几年的时间，因为教授还要干其他很多事情，其中最重要的是教书，其次还有行政工作。这些事情的要求都很高，多数教授穷其一生也就写一两本专著而已。随着时间的推移，专著的作者可能会为非专业人士重新撰写他的思想观点。但是，由于很多教授都把

① 乔布斯的话引自“苹果公司推出iPad”，《苹果新闻资讯》（*Apple Press Info.*），2010年2月27日，http://www.apple.com/pr/library/2010/01/27Apple-Launches-iPad.html。

自己定位于学术前沿,所以基本上不会为非专业人士撰写普及性的书籍。不过也有例外,享有盛誉、令人崇敬的是威尔森(E. O. Wilson)和史蒂芬·平克。

这种历史悠久的传统固然有着明显的优点,但是梭罗、缪尔和卡森通常不只为少数的、学术界的人写作,绝大多数名垂青史的作者也是如此。事实上,除非你自己处于学术界的象牙塔,否则你很难读到那些高度专业化的论文。如果你阅读到这样的论文,那很可能是因为你对这一领域的知识有所了解。对非专业人士来说,那些论文可能读起来难以理解、枯燥乏味。

也许因为我的大部分成年时光是作为热心读者在学术界之外度过的,所以学术界的这种不足在我看来是特别明显的(也是刺眼的)。因此,这些年来,我一直怀疑这样一种理念:学术思想或理论最初在学术界出现以后,经过十年或更长的时间,才能慢慢地流传到世界其他地方。为了打破这种模式,思想理论需要从一出现就被人理解。

很多年以前,有人这样对我说:"如果你给 15 岁的兄弟姐妹都解释不清楚,那么你可能自己都不理解它。"我忘了我当时说了什么,才惹得那个人向我说了那样一番话,但是我清楚地记得,我当时既迷惑,又烦恼。我当时想,假如我掌握了某种深刻的理论,即使不能以明白晓畅的方式给大街上随便拉过来的一个人解释清楚,那也是很正常的。

但是,过了这么些年,我已经认识到了我的无能,我并不能用一种简单的方式来表达一个思想。这也许表明,事实上,我不是完全理解我所谈论的内容。的确,我或许能够用学术论文或著作向那些浸润在同样的学术氛围、有着同样的研究方法、使用同样话语体系的学者传达我的思想,但是一个思想是否完全成熟的真正判断标准,是其至少能以相对轻松的方式,传达给几乎每一个人。这也昭示了其本身的价值。毕竟,如果一个思想不能被人理解,那么除了对创建它的人,对其他人是没有任何用处的。如果仅有几个人能理解它,那么它的价值就是极其有限的。

可以拿好的家具设计来做比拟。我的大部分岁月是作为一名木匠度过的,那些日子里,我面对的挑战是一张特定的桌子或一把特定的椅子应该有什么样的外表、怎样更好地发挥它的作用、如何给人更好的感觉。多年过去了,我逐渐认识到,家居设计的过程就是一个典型的减法过程。只有剔除一切多余的东西,那个设计思想的最基本的、最令人愉悦的形式才能最后显现出来。当然,家具在最先构思的时候,那些多余的东西有时也被认为是需要的。不过,所谓的减法说起来容易,做起来难,因为复杂的东西往往顽固地抗拒着简单的东西。这一点很容易就能够看出来,因为世界上充满着纷繁复杂的家具和著作。我知道,在我从事家具制作和学术研究的初期阶段,都有过一些这样的作品。

不过,即使是不怎么成功的作品,当初期过度复杂的思想最后以简单的形式表达出来时,揭示出的往往是:原创的思想一点都没有减少,反而因为减法过程而得到提升改善了。

这本书的目的就是想以大家都能接受的方式,呈现我"最新的"研究成果。书里的内容我已经思考了很多年(我最早开始探讨"走向自然"的想法是在 2012 年),最初看起来非常必要的很多东西,包括大量的学术文献、理论以及术语,只要有可能,我都舍弃掉了,只留下那些平易的、简单的思想。因此,即便本书的写作风格与学术界的话语文化有着迥然的差别,但是在构思的时候,它依然既面向非专业的读者,也面向专业领域的学者。我希望本书能引起所有人的讨论。

与很多作者一样,我最大的担忧之一是没有人读我的这本书。写这段后记的时候,我望了望门外,看到我年幼的女儿正在花园里蹒跚学步。按照当下美国人的平均寿命,她很可能会看到 21 世纪末的情形。让我们希望吧。对于 2100 年,我想了很多,因为气候科学家以及政府间气候变化专门委员会所做的多数预测都把最后的时间设定在那一年。因此,当我设想着人类通过构建一个更好的世界而走向自然的时候,我脑海里常常出现 2100 的影子。我不是把 2100 年作为走向自然的一个终点,而是作为一个时间节点,希望人类到那时候能够坚定地、极大地扭转危害我们地球的、难以控制的衰退趋势,而不是每天都一步步地逼近自然。

不管这一切发生与否,我都希望我的女儿知道,我为此尽力了。这本书记录了我为实现这个目标而付出的各种努力,尽管我的努力可能微不足道。如果没有几个人阅读这本书,认识到未来的挑战,我当然会感到悲哀。不过,即使出现这种情况,这本书的撰写依然是值得的,哪怕在很大程度上只是写给一位读者的。乔丹,我的女儿,这本书为你而写。

需要说明的是,本书第三章的部分内容最先发表在我此前撰写的另一部著作《生态批评:基础读本》(*Ecocriticism: Essential Reader*)中,页码是 xiv—xvi,此书由劳特里奇出版社(Routledge)在 2014 年出版。本书第七章的部分内容发表在我的个人主页上,题目是“白皮书:NCN 会议指南”(White Paper/Practical Guide to the NCN Conference),见 http://ehc.english.ucsb.edu/?page_id=14080。最后,第五章的部分内容是我为《气候未来:重构全球气候公正》(*Climate Futures: Reimagining Global Climate Justice*)撰写的一章,该书将由泽德出版社(Zed Books)出版。

附录　谱写新实践:细节,还是细节

我们已经举办了5次基于NCN模式的会议,很多对此会议模式感兴趣的人给我们提出了一系列问题。下面是其中的一部分问题以及我的回应,很多内容与气候变化等环境问题无关。我认为,如果我们希望重新书写一个文化实践,也许最好的策略是让它在各个方面都有吸引力(就本案例来说,既有环境方面的吸引力,也有其他方面的吸引力)。

从环境的角度看,这个问题到底有多大?

很遗憾,这个问题大得令人难以置信。我们以加州大学圣塔芭芭拉分校为例。作为其气候行动的一部分,加州大学圣塔芭芭拉分校认真核算了它的全部温室气体排放。核算的数据显示,其排放总量的30%来自航空旅行,比如乘飞机去参加会议、报告会以及研讨会等。如果我们在总量中去除教职员工通勤所排放的温室气体,那么航空旅行所排放的温室气体占总量的比例会升到35%。这个数据30%(或35%)代表着5500万磅的二氧化碳或等量的温室气体。请恕我老生常谈,温室气体的排放量太大了。

只需简单的算术知识就可以看出这个问题在全球是多么大。像我们这样规模的学校仅仅20所的航空旅行带来的温室气体排放量,每年就超过10亿磅。美国就有近5000所大学,全球的高等院校就更多了，每年排放的温室气体达到几万亿磅，而且还只是从航空旅行这一个方面来说。

虽然这些令人沮丧的数字暗含对我们职业的指责，至少是对某一重要行为的谴责，但是也有好消息，那就是这个问题在很大程度上是可以解决的，而且现在已经在解决了。如果是在 20 年前甚至 10 年前，这是不可能解决的，因为那时的技术还没有成熟到现在的水平，或产品价格能被接受的程度。比如，10 年前，现在的智能手机（也有助于推动台式计算机降价并具备高清录像能力）还没有出现。同样，那时候能够高速下载播放级别录像的宽带互联网，在全球都是稀有之物。

现在的挑战是找到能够取代传统会议的数字解决方案。虽然我在本书中提出了一个特定的 NCN 会议模式，但显而易见的是，应对这一挑战的所有数字解决方案都应该认真地予以考虑。

面对面人际交流的损失，有多少？

毫无疑问，这是对我们的会议模式提出的排在第一位的问题。不过，一旦学者们了解到参加学术会议和类似活动的航空旅行是我们学术界导致温室气体排放的最大来源，很少有人会再相信，即使造成环境损失，直接面对面的人际交流还是值得的。尽管如此，这依然是一个需要认真探讨的重要问题。

我们从一开始就必须承认，任何形式的虚拟交流都不可能真正替代面对面的人际交流。我们多数人都有用 Skype 等类型的软件交流、参加视频会议、打网络电话，以及在网上论坛进行多回合的书面讨论、使用电子邮件、短信聊天等方面的经历。但是，所有这一切都替代不了面对面的会议。

不过，如果人们在会议上主要交流想法，讨论思想或理论，那么 NCN 模式完全可以取代传统会议。如前所述，加州大学圣塔芭芭拉分校示范会议中的网上提问与回答专题的内容平均是传统会议的 3 倍多。

当然，这种学术讨论不是那种面对面的形式。但是，研究显示，人们对网上人际关系的态度要比我们认为的严肃得多。吉姆·布拉斯科维奇（Jim Blascovich）和杰米里·拜伦森（Jeremy Bailenson）在其合著的《虚拟现实：从阿凡达到永生》（*Infinite Reality: Avatars, Eternal Life, New Worlds, and the Dawn of the Virtual Revolution*）中指出，研究显示"新一代成年人认为他们在脸书上交往的朋友和在现实生活中交往的朋友同样重要"。

加州大学圣塔芭芭拉分校 2016 年 5 月的会议结束以后，我们对会议发言人就他们关于这次会议的体验进行了调查。我们问的第一个问题是："您在提问与回答专题上与其他人进行有意义的'联系'了吗？"73.3% 的人回答"是"，26.7% 的人回答"不确定"，没有一个人回答"否"。我们接下来问的第二个问题是："此次会议缺乏直接面对面的人际交流是很大的不足吗？"60% 的人回答"否"，20% 的人回答"不确定"，20% 的人回答"是"。

由此，我们得到这样的事实：1. 在 5 位回应者中，只有 1 位认为缺乏直接面对面的交流是重大的不足；2. 在其他 4 位回应者中，有 3 位认为他们在此次会议期间与其他参会人进行了有意义的联系。这个结果表明，面对面交流的损失问题可能没有人们想象的那么严重。

如果将 NCN 会议的这一不足与其好处进行对照，那么对于了解这个问题也是有帮助的。乔·米尔斯（Jon Mills）是加州大学圣塔芭芭拉分校 2015 年 5 月会议的发言人之一，谈到提问与回答专题板块问题时，他是这样说的：

> 当然，不能与参会人员和同行进行直接的交流是一种局限，但是这个代价很小，几乎可以忽略不计。因为我

们看到,我们在会上表达的思想能够在全球规模上传播,从而提升了会议的总体价值,肯定会比只有少数与会人员参加的会议产生更大的影响,特别是 NCN 会议对发言报告进行了归档,可以让参会者以及那些因为经费不足等原因而不能与会的人随时观看。

需要指出的是,米尔斯侧重谈的是文化方面的优势,而不是环境方面的好处,当然,环境方面的好处很多,这是显而易见的。

但是,传统会议上还有其他形式的交往,比如在茶歇和就餐时可以进行不那么正式的讨论。这些交流对我们都很重要,对那些刚刚加入学术界不久的年轻人来说尤其如此,因为他们希望通过这样的交往可以在以后的岁月里有所受益。

我们从一开始就需要认识到,就像传统会议一样,面对面的交往也有自己的局限,它既是一种特权,也是一种限制。由于区域和经济的制约,由于身体等方面的原因,很多人从来得不到这种直接人际交往的益处。这不仅限制了那些不能来现场参加会议的人,也让所有人失去了结识更多学者的机会。

如此重要的学术关系在传统上需要直接的接触,我们只能说,这很令人遗憾。如果面对面交往和时区不再成为问题,如果我们能与世界上研究旨趣相同的学者进行互动交流,那是多么好啊。NCN 会议模式希望充分利用社交媒体的力量,帮助建立和加强在线学术关系。

会议发言人愿意参加这样的会议吗?

在加州大学圣塔芭芭拉分校发出 2016 年 5 月会议论文征集通知之前,这是我关心的一个大问题。我们在第一轮通知中指出,这次会议不需要到会议现场发表演讲和参加专题报告会,但需要同意下面这些不同寻常的要求：

> 1. 自己录制15到17分钟的发言录像。
>
> 2. 参加相关的在线提问与回答专题，对其会议发言引发的问题给予回应。
>
> 3. 尽可能多地收看发言录像，并提出自己的问题。

对于这样一个规模的会议，我们一般期待有20到50人提交论文，而加州大学圣塔芭芭拉分校的示范会议收到了100多篇参会论文，其作者既有博士研究生，也有资深学者。

事实很快证明，这种会议形式不仅没有影响会议的举办，反而促进了会议的成功，来自8个国家的学者参加了这场会议。约翰·瑞恩（John Ryan）是与会人员之一，他在会议的提问与回答专题板块简明扼要地指出：

> 我现在泰国生活，曾在澳大利亚生活了7年半，对平等参加会议的问题深有感触。泰国大学教授的年收入在1万到1.2万美元之间，这在泰国已经是高工资了。另外，泰国教授缺乏研究经费，没有参加学术会议的资金支持。参加国际会议的费用包括注册费、机票、出租车费以及食宿，可能占一个学者年收入的十分之一。因此，网上的、非同步的会议模式在解决全球平等参加会议的问题上有巨大的潜力，可以将东南亚等难以参加学术会议的地区的重要研究成果带到国际同行面前。

因此，尽管有些学者不愿意参加这样非同寻常的会议，世界上很多其他人则乐于利用这个机会。

主旨发言人愿意参加吗?

愿意参加,从我们学校 2016 年 5 月的那次会议可以窥一斑而知全貌。当解释清楚我们要尝试举办一个更平等、更少障碍、环境更友好的会议后,我们邀请的主旨发言嘉宾都很赞同,其中包括彼得·辛格(Peter Singer)和金·斯坦利·罗宾逊。前者是普林斯顿大学人类价值研究中心的生物伦理学教授,后者是当今用英语写作的最受人尊敬的气候小说家之一。

对主旨发言人来说,参加这种会议的好处之一是,地理区域不再是一个制约因素。所以,演讲嘉宾就有可能获得新的听众,比如来自南半球的发言人就有机会让北美的同行听到他的思想。

这种会议的碳足迹是多少?

首先需要澄清一下,加州大学圣塔芭芭拉分校 2016 年 5 月的会议没有声称是不排放碳的,只是说与传统会议相比,几乎不排放碳。因此,这个会议的副标题就含有第二层含义,它是"一个几乎碳中和的会议(与传统的、与会人员乘飞机来参加的会议相比)"。尽管如此,我们仍然有一些实实在在的顾虑:我们的会议发言和播放采用了视频流技术,而这需要消耗不少的能源。

事实上,这次会议运行互联网的大部分能源都用于把我们的录像传送给会议参加人员。这是因为,视频的传送要比文本需要更多的带宽。在 2016 年 5 月的会议上,一个专题讨论会的视频文件平均大小是 1G(有些图像的分辨率是 720p,有些是 1080p)。与此相比,如果发言以文本文件的形式保存,那么只有不到 100 兆,也就是说,比视频文件小 1 万倍。所以,如果会议只采用文字文本,那么其碳足迹会小得多。当然,如果会议发言包括图片、声音或视频，那么其碳足迹就会大大增加。即便如此，这种模式的会议仍然是值得举办的。

那么，传送视频文件到底要占用多少网络资源？根据《华盛顿邮报》，到 2020 年，“全世界 80% 的因特网使用将被视频所主导”。[①] 网飞公司“在北美消费者所使用的宽带中，已占到 36.5% 的比例”，主要用于观看电影和电视节目。[②] 不过，回到加州大学圣塔芭芭拉分校 2016 年 5 月举办的会议上来，它只使用了很小很小的资源，主要是因为会议发言录像没有其他网上视频收看得多。我们知道这一点，因为我一直在观察着会议录像的收看频率。

就多数专题报告来说，每个报告每天的观看次数是 2 到 4 次。数量不大，但是，会议要持续 21 天。因此，如果我们按照平均每天 3 次来计算，那么整个会议期间，每个报告的观看次数就是大约 63 次。

2014 年，劳伦斯伯克利国家实验室的研究人员就观看下载视频需要多少能量进行了分析。结果显示，包括下载来源、传输路径、介入网络以及重放和观看设备，每小时需要 7.9 兆焦耳（MJ）的能量。[③] 在这个过程中，每小时会排放 0.4 千克的二氧化碳。会议专题的每个发言平均大约 15 分钟。因此，如果其他方面都相同，那么每次观看这样一个发言就会向大气中排放 0.1 千克的二氧化碳。我们假设，前面推测的每个报告观看 63 次有点保守（特别是人们可能会在会议结束后再次登录网站继续收看），所以将这个数字提高 50%，也就是观看 95 次左右，那么收看一个报告所排放的二氧化碳总量为 9.5 千克或 21 磅。

---

① https://www.washingtonpost.com/news/the-switch/wp/2015/05/27/in-5-years-80-percent-of-the-whole-internet-will-be-online-video。

② https://www.washingtonpost.com/news/the-switch/wp/2015/05/28/netflix-now-accounts-for-almost-37-percentof-our-internet-traffic。

③ http://newscenter.lbl.gov/2014/06/02/berkeley-lab-study-highlights-growing-energy-impact-of-internetvideo-streaming。

现在我们来计算一下如果一位发言人乘飞机去开会将会产生多少碳足迹。我们依然以加州大学圣塔芭芭拉分校 2016 年 5 月的会议为例。因为我们知道每位参会人员来自哪里,所以能够计算出他们到我们学校需要飞行的全部里程是 30 多万英里。参会人员有 50 人,平均每个人的飞行里程大约是 6000 英里。这个里程可不短,相当于从洛杉矶到纽约的往返距离。但是,需要注意的是,这是一个不折不扣的国际会议,大会发言人员来自加拿大、英国、欧洲以及一个重要的大陆澳大利亚(从悉尼到圣塔芭芭拉的往返里程是 1.6 万英里)。且不说参加什么活动,仅仅一个 6000 英里的往返里程,就会向大气中排放大约 2000 磅的二氧化碳。

因此,一个会议发言视频被观看 95 次,导致向大气中排放 21 磅二氧化碳,这只是发言人乘飞机参加现场会议所产生的碳足迹的 1% 左右。这些只是很粗略的计算。不过,即便有些因素我们没有考虑进去,这个 1% 的数字需要翻一番或翻两番,那么相对于传统会议的碳足迹,依然是一个很小的比例。

的确,像我们这个会议也有其他的能量需求,比如网站的运行以及提问与回答专题部分。不过,提问与回答专题是基于文字的,不是视频的,所以其碳排放量很少。

但是,我们还需要记住,传统会议的碳足迹不仅涉及航空旅行。往返出发机场以及抵达机场的地面交通(总共四趟)、食宿、会议举办地点的空调和电能等,都需要排放温室气体。我们在这儿计算的只是会议发言人的情况,如果所有注册人员都来圣塔芭芭拉开会,那么航空旅行所排放的二氧化碳总量会增加一倍多。

最后,由于视频发言是我们讨论的 NCN 会议模式的根本,所以,如果把它与其他网上视频服务对照一下,那是很有说服力的。2016 年,也就是第一次 NCN 会议举办的那一年,YouTube 最受人欢迎的音乐视频(鸟叔的《江南 style》)被点播的次数超过 62.5 万,是我们这样规模的会议发言视频被收看的总和。如果从另一个角度来分析，即便美国5000所大学每个学校都举办125个这样的NCN会议，那么所有NCN会议产生的碳足迹也仅仅相当于YouTube的一个音乐视频所产生的。

会议使用的设备对环境有何影响？

举办NCN会议所需要的电子设备对环境有着非常复杂的影响。因此，如果会议组织方要求学者为了参加这种NCN会议而购置专门的设备，那么他们从某种程度上就要为这些设备的环境足迹负责。

我们举一个相关的例子。在有些大学，老师在上大课时要求学生购买一个设备，叫iclicker（点击器），看起来就像是电视遥控器，让学生对投影在屏幕上的多项选择题进行回答。在课堂上，老师使用这个设备既可以点名，也可以对学生进行提问。

在要求学生购置这样一个设备时，老师需要明白，尽管这种设备很小，但有着可观的环境足迹，包括开采制作设备所需要的矿物质、加工制造、运行设备所需要的能量、使用后的电子废物处理以及产品周期中使用的大量废旧电池，更不用说在这个产品的每个阶段工人所投入的社会成本以及环境代价。

不过，对NCN会议而言，情况就不同了。在2010年代，地球上的每个学者应该都拥有或可以使用某种计算机或平板工具并接入可信赖的互联网。这是一个绝对必需的要求，尽管不是每个地方都能达到这个要求，但是需要想办法达到这个要求。既然学者已经（或者至少应该）拥有或者能够使用这种技术产品，我们所做的，只是拿出其一小部分时间来参加NCN会议。

因此，从环境角度看，目前最好的会议解决方案看起来是某种可以利用我们已有设备和网络的NCN会议，最坏的解决方案就是乘飞机参加会议，因为，这个旅行本身比解决环境问题的方案有更大的问题。当然,我们应该尽一切可能确保我们的各式设备能够制造出来、投入使用、循环利用(即在被淘汰前有更长的使用寿命)以及循环再利用。给电子设备以及网络提供电力的能量来源尽可能是可再生能源。很显然,它们可以是而且应该是我们生活中的一部分。如果有效地使用这些设备,其中很多设备是我们已经拥有的,那一定会带来真正的收获,比如让会议更平等、更容易参加、经济上更划算、对环境更加友好。

这种模式可以用来做报告和进行圆桌会议吗?

可以。显然,邀请一位学者来做报告所产生的碳足迹要比举办一个会议小得多。尽管如此,对有些学者来说,乘飞机去到别处做报告会极大地增加其个人的温室气体排放。

所幸的是,可以使用 NCN 会议模式。事实上,使用这种方法用来做报告和举行圆桌会议要比举办会议简单得多,因为只需要创建一个网页就够了。而且,NCN 会议专题、个人演讲以及圆桌会议的网页格式都是完全一样的。

就圆桌会议而言,NCN 小组会议使用的网页格式(即同样的 HTML)可以拿来借用,尽管可能在多于 3 个发言人的状况下需要添加发言人,而不是因发言人增加而换掉其中的某位发言人。在这种情形下,提问与回答专题最好分两步走。第一周时间只用于参加圆桌会议的人员进行交流,此后的两周则对所有人开放。

这种会议模式可以举办小组会议吗?

小组会议是很多传统会议的重要内容,因为这样可以让有着相似学术兴趣的与会人员进行更深入的交流和讨论。问题在于,如果要为这些小组会议安排时间,要么是延长会议时间,要么是与其他专题形成交叉重叠。而在 NCN 模式下,组织安排小组会议可以至少采取两种方式。

由于传统的提问与回答专题时间很短(一般是 15 到 20 分钟),所以小组会议往往是在专题结束后让有关人员继续讨论。与此相对照,NCN 会议的书面提问与回答专题本身就是某种小组会议,因为参加人员都有着共同的兴趣,可以进行长达几周的互动交流。

另外,小组会议既可以在会前进行安排,也可以在会议期间临时组织。虽然这些小组的主题可以和一两个专题相关,但并不必然如此。这一做法首先在加州大学圣塔芭芭拉分校 2016 年 10 月/11 月的会议上采用。会议期间,正值美国总统大选,于是我们安排小组会议,主题是“看透 2016 年总统大选”,它是在大选后匆匆组织的。小组会议一开始,大会协调人(我)做了简短的发言(3 分钟),接着就是来自不同国家参会人员的交流对话。到会议结束时,这次小组会讨论交流的文字超过 1.6 万字,相当于双倍行距的 60 页文字资料。鉴于这次试验的成功,未来 NCN 会议中将考虑增加类似的小组会议。

归档的报告是一个发言还是一篇文章?

从某些方面看,这类发言正在发生一种范式的转变。当然,我并不贪为己功,因为会议发言以各种方式被记录在案已经有一些时日了。尽管如此,就我们这个 NCN 会议而言,录制会议发言现在已经成为会议的中心任务和必要任务了。

传统会议的发言大部分是一种过眼云烟,它们与期刊论文不同,通常不会以印刷的形式留下资料痕迹(或以其他任何形式留下痕迹,除非是发言时的提纲)。因此,那些发言在仅仅几个小时之后,就开始从与会人员的记忆中消退了。几个月以后,大多数与会人员脑子里依然还留存的,如果能清楚地记住,可能只有那些核心思想,也许还有几个会议趣闻。当然,与会人员可以做一些笔记,不过,那些笔记很少在著作或论文中被引用。当然,尽管也许会有这样的情况,但极其罕见。

由于发言被录制和归档,现在的情况改变了。从道理上讲,它们变得更像期刊论文,这与传统会议上的发言是不同的,因为它们可以被人更有信心、更加准确地引用。

不过,会议发言之所以与期刊论文不同,是因为我们在会上发表的时候就期待发言内容很快地淡出人们的脑际,甚至希望与会人员把那些内容彻底忘掉。我们这样想,倒不是因为我们想放弃那些想法,而是因为想让它们更加成熟,让世人从论文或著作中来了解它们。而且,根据我们的会议经验,那些想法往往是会上首次发表并得到热烈的反馈后才最后形成书面的、入档的形式。

大会协调人如果采用 SnapChat(色拉布)阅后即焚的形式,可能会使得会议发言更加如朝露般短暂,因为会议一旦结束,就把会议发言以及提问与回答专题的发言删除了。不过,还是有充足的时间(就加州大学圣塔芭芭拉分校 2016 年 5 月的会议来说,有 3 个星期的时间)引述会议发言的重要内容或抄录那些问题和回答的文字,所以,这种 SnapChat 形式是否有效也是值得怀疑的。

会议可以采用另外一个选择,即让每个发言人在自己发言的视频下面嵌入黑体字"不要引用此发言"。这会有助于确保发言中的内容只是在学术期刊正式发表后才面世。会议发言人甚至要求不能引述其发言内容。

另外,创建一个长久的档案是很重要的,其原因与从环境角度举办这次会议的主要动机无关。如上所述,全球很多学者由于其所在的单位(当然还有个人)经费有限而买不起价格高昂的学术著作和学术期刊,所以就无法借鉴参考。NCN 会议档案则解决了这一问题,让我们所有人在第一时间就可以了解那些激动人心的新思想。同时,NCN 会议还为会议发言以及提问与回答专题的讨论建立了长久的档案。如果 NCN 会议的影响越来越大,那么对其收集信息的服务也会随之增加。比如,美国现代语言学会的国际书目数据库(*MLA International Bibliography*)中包括一个学术期刊论文数据库,同样它也可以为会议发言建一个数据库。不过,与美国现代语言学会所索引的很多论文需要付费不同,会议发言是免费的,只要能连接互联网,所有人都可以查阅。

最后,我再说一个旧话重提的问题。会议发言里面包括一些不成熟的想法,在会议上发表以后,可能证明是不完整的,有时证明是错误的,也许将来有一天甚至证明是非常不妥当的。这些都是会议发言的特色或者说风险。不过,很明显,这种学术发言之所以能够存在,主要原因是发言人可以根据会议同行的评论进行提升。如果发言人在会议上发言以后只听到了赞扬,这看起来可能很美,但是,事到最后,那次会议在很大程度上会成为一次几乎没有用处的经历。

这些会议发言在职称晋升中"算数"吗?

与传统会议一样,我们在举办示范会议时会花费很多的精力对会议发言进行筛选,提交的大部分论文都没有被我们接受。从这个意义上说,我们的会议与传统会议没有什么不同。

不过,还是有一个不同之处的,那就是我们的会议发言被永久地建立了档案。从传统会议那里,招聘小组或学术评价委员会所能得到的信息只有发言题目和地点。因此,如果有人在传统会议上发言后去观光旅游了 3 天,其所在单位可能没有人会知道。但是,我们的会议不同,如果招聘小组或学术评价委员会对此感兴趣,他们可以调看发言人会议发言的视频,而且,还可以评估其参加会议的全部活动情况,因为很容易查看提问与回答专题实况,了解谁发了言,发了多少言,以及在哪方面发了言。

考虑到这种会议模式的不同寻常,如果把会议上的发言作为学术成果列在个人学术简历或学术考核中,可能会引起一些质疑,但也是很正常的。不过,此类会议发言当然应该得到与传统会议发言同样的重视,这也是毋庸讳言的。如果情况反过来,数字档案化的会议面临着新的面对面会议的挑战,那才应该引发人们的顾虑,因为面对面会议不论是会议发言,还是整体会议进展情况,都没有留下任何资料痕迹。但是,就此而言,实际上发生着相反的情况,因为我们的在线会议为学术评价委员会提供了更多的信息。

为什么会议发言的形式是视频的而提问与回答专题是基于文本的?

在对加州大学圣塔芭芭拉分校 2016 年 5 月会议进行综合考虑的时候,我决定采取视频的形式进行大会发言,而以基于文本的形式进行提问与回答专题发言。之所以这样做,是因为参加人员在收看发言录像的时候,会感觉更像是一个传统会议。同样,由于网上论坛很普遍,多个对话主题可以同时进行,那么在提问与回答专题板块采用论坛形式就很可能成功。因为我们通常读的比说的速度快,所以我们可以更快地浏览那些我们特别感兴趣的问题。

不过,其他的会议方式当然也是可行的。比如,会议发言采用文本形式,并在文件上直接嵌入声音材料。同样,提问与回答专题也可以通过 FlipGrid 公司的服务,在很大程度上采用视频的形式。需要注意的是,不论哪种方式,会议发言以及提问与回答专题都会持续几周时间,而且是非同步的(如前所述,这是我们会议模式的一个主要特色)。

为了切实弄清楚加州大学圣塔芭芭拉分校示范会议模式是否受欢迎,我们在会议结束后对发言人进行了调查,我们的第一个问题是："视频形式的会议发言与基于文本形式的提问与回答专题是否成功？"86.9% 的回答是"成功的"，13.3% 的回答是"不确定"，没有一个回答是否定的。我们的第二个问题是："如果将会议发言改为文本形式（比如使用 PDF 形式），是否会更受欢迎？"所有的回答都是"不"。最后一个问题是："如果将提问与回答专题改为视频形式，是否会更受欢迎？"结果差不多，93% 的回答是"不"。

虽然尝试不同的会议模式也是可能的，但是显而易见，视频形式的会议发言与基于文本形式的提问与回答专题总体来说很受欢迎。大体而言，这种模式可以很好地复制替代传统会议。对于这个问题，一位参会人员在加州大学圣塔芭芭拉分校 2016 年 5 月会议以后这样说："我认为，这种会议模式将录制视频的最好特色（特别是，与传统会议的专题相比，这种录像有着更好的演练、更细致的脚本、更精心的制作）与现场会议的最好特色（特别是，利用一个月的时间，给人以大会活动的感觉，而不是只有视频的网站）整合在了一起。"

会议发言有文字稿吗？

作为一次试验，加州大学圣塔芭芭拉分校 2016 年 10 月/11 月会议上的两个专题提供了未删减的会议发言文字稿。为了表明视频中的时间，这些文字稿都打上了时间水印。由于文字稿来自发言的字幕，所以非常忠实于真实的会议发言，而不仅仅是会议发言人的发言提纲。因为很多发言人特别是那些使用 PPT 以及类似形式的发言人，不是按照预先准备的发言稿照本宣科，所以我们的实时文字稿很受欢迎。

文字稿有很明显、很大的好处，人们可以快速地对其进行概览，从而了解会议发言的主要内容。尤其是，相比而言，视频文件所占的空间要比发言文字稿大一万多倍，所以，如果没有高速的互联网连接，那么人们更愿意阅读，而不是收看视频。这可以为发展中国家以及网速不快的地方提供关键的接口。需要注意的是，如果不选择按下“播放”按钮，嵌入的视频是不会打开的，因而很明显，只阅读文字稿所消耗的能源要远远少于观看视频，因此也大大减少了温室气体排放。

对会议专题的每一个发言都在网页上提供完整的文字稿还有另外一个优势，可以把这些发言用于网络搜索引擎，从而确保发言全文能被 Google 等公司提供的服务编入索引。网络付费区的在线学术期刊有一个主要的缺点，那就是不能被搜索引擎接入，所以其学术论文也就在 Google 的搜索服务之外。而且，由于这些搜索引擎通常并不能将字幕编入索引（本书写作时候，Google 依然不能对 YouTube 的自动字幕进行索引编辑），所以视频形式的发言文本同样也是不能进行搜索的。与此相反，会议网站上对外贴出来的每一个发言全文都可以保证既能让任何人找到，也能链接到包括其发言视频、文字稿以及提问与回答专题的网页中。

以视频和文字两种形式提供会议发言内容，还可以让更多的人了解。正如一位参加了加州大学圣塔芭芭拉分校 2016 年 10 月/11 月会议的人员所指出的：“能够阅读发言内容，非常好，浏览之后再决定完整地收看哪一个发言。在教学中（以及训练未来教育者的过程中），我一再强调，不同的信息形式对不同的人群有更好的效果。所以，信息的形式越多，满足的人群就越多。”另一位参会人员说：“我喜欢在收看视频发言后再返回去参阅文字稿，我认为这鼓励人们以更加审慎的方式进行会议发言。”

显而易见，在 2016 年 10 月/11 月的会议上，文字稿很受欢迎。不过，对会议发言创建长久性的档案（以视频的形式），如前所述，会让人产生顾虑，因为那样会使得会议发言更像是一篇学术论文。如果提供文字稿，那就显得更加如此。这是此类会议所难以避免的，不过，总的来说，优点还是大于不足的。

需要指出的是，Youtube 是加州大学圣塔芭芭拉分校 2016 年

10 月/11 月会议以及后来会议的视频下载源，同时使用语音识别技术自动地对这几次会议的发言生成了字幕。遗憾的是，Youtube 软件在准确性方面还有很大的提升空间。不过，Youtube 制作的字幕是可以编辑的，参加加州大学圣塔芭芭拉分校 2016 年 10 月/11 月会议的人员可以自己编辑其发言的字幕，从而使其更加准确，也可以委托其他人对字幕进行修正。因此，文字稿一般来说都很准确，与当时的会议发言非常吻合。

会议发言采取什么形式？

会议发言可以采取多种形式，但主要有以下 3 种。

1. 视频发言。这类发言可以用计算机摄像头、智能手机、录像机或者具备摄像功能的数码单反相机等录制，所有这些设备都能够制作高清视频，基本达到播放的质量要求。这些会议视频可以在任何地方进行传输（家里、办公室、花园等等）。

2. 文字报告，比如 PPT。多数计算机都有同时记录屏幕上文字的功能，比如 PPT 或者 Prezi。制作这种报告是不需要照相机的，因为发言人从来都不会出现在屏幕上。

3. 发言人和发言内容的整合。在这种情况下，发言人及其发言内容，比如 PPT 或 Prezi，交替（或同时以小窗的形式）出现在屏幕上。通常来说，这种软件可以通过网络照相机同时录制屏幕上出现的内容以及做报告的发言人。一旦这两种“路径”都被记录下来，那么就可以将它们编辑成一个录像，可以让发言人和发言内容交替出现在屏幕上，也可以以小窗的形式把一方插入到另一方。

总的来说，预先录制的发言可以让人们对其呈现效果有更大的控制，因为在上传之前可以对之进行编辑。只要稍花一点心思，就可以比传统会议的发言显得更加吸引人，更加有趣。

这种模式可以用来召开“临时会议”吗？

可以。事实上，这就是此类模式的优势之一。

如上所述，加州大学圣塔芭芭拉分校的第二次示范会议在2016年10月/11月召开，会议主题是“2050年的世界”。会议期间，唐纳德·特朗普当选美国总统。由于这次大选改变了世界历史的进程，并将以某种方式对2050年的世界产生影响。大选后的第二天（如上所述），我组织了一个特别专题“看透2016年总统大选”，非常受欢迎。

这个专题充分凸显了我们NCN模式等在线活动的灵活性。由于会议网站可以在一天之内征集参加人员，发言人可以用电脑或移动设备制作发言视频，所以大选结束一两天后就可以发起和举办一个完整的“临时会议”。

虚拟化身、虚拟空间和3D护目镜在哪儿？

从某种意义上，NCN会议模式是基于昨天的技术，而不是明天的技术，不需要制作视频或观看视频的专门设备，比如装备有绿屏从而可以让人们更换背景或3D护目镜的演播室。恰恰相反，我们所需要的，只是一台已经使用了10年的旧电脑或入门级的平板或智能手机。因此，不需要去购买那些专门的硬件，那些硬件可能在制造、使用和处理过程中增加温室气体的排放。同样，我们使用的软件都是免费的、开源的。

这些技术有很多，它们对我们在本书中探讨的非同步NCN会议模式会带来哪些好处，现在还不清楚。能够以虚拟人物的身份在三维虚拟世界中与另一个人进行实时交流，可能是激动人心的，也有其他的好处，但是如果交流各方有着 12 个小时的时差，那就有极大的不便。所以，以三维虚拟人物的身份来录制会议发言，看起来带来的好处是有限的。

当然，如果这些新技术对世界大多数学者来说是可行的，能够负担得起，那么 NCN 会议就应该考虑采用它们。

这种会议是一种社交媒体形式吗？

是的，从道理上来讲是这样的。所以，这种会议模式与普通社交媒体服务（Facebook、Twitter、Youtube、Instagram 等）有很多相同之处，因为所有社交媒体都涉及用户产生的信息内容分享、交互。在这个过程中，不同的人通常采用评论网上帖子的方式，可以在互联网上结识和交往。就我们所探讨的 NCN 会议模式而言，提问与回答专题主要是对用户的视频发言进行书面文字的讨论。

与这种 NCN 会议模式一样，社交媒体服务通常来说也是非同步的。社交媒体取得了巨大成功，比如 Facebook，拥有 20 多亿活跃用户，从某种程度上就归功于这种非同步，因为用户可以选择自己合适的时间进行互动，即便他们可能在同一个时区或地区。令人惊讶的是，即便将近一半的 Facebook 好友生活在 25 英里的范围之内，[①]他们依然通过这种社交媒体服务进行大量的交流，从而说明很多人既喜欢实时交往，也喜欢非同步交流。

相比之下，实时网上活动，比如 Skype 或 GoToMeeting 等技术支持的在线交流，与我们的模式有着不同的社交特点，因为它们在很大程度上是复制面对面的交流互动（尽管总的来说被认为存在

---

① http://blog.bozuko.com/2012/01/25/new-data-more-than-45-of-your-customers-facebook-friends-live-within-shopping-distance-of-your-business/。

着很多问题)。为了提供一种可行的、非同步的替代传统社会交往的方案,成功的社交媒体服务不是单纯地模仿传统做法,而是在很多方面大力推动一种新型的社会交往。换句话说,由于认识到在网上复制传统的、实时的社会交往模式很可能会令人失望,所以社交媒体服务就重新构建数字媒体时代的新型社会交往。

社交媒体为我们的 NCN 会议模式打开了通道,因为它让非同步的在线社交在全世界的数十亿人中实现了正常化,对于伴随社交媒体的发展而成长的千禧一代人来说,情况尤其如此。现在,非常非常多的人熟悉社交媒体,这正是 NCN 模式创建的基础,不仅让 NCN 模式成为可能,而且还促进了这种模式的采用。因此,未来的 NCN 会议可能还会从社交媒体服务中借鉴使用更多新的功能。

会议全球化为什么重要?

乍一看,NCN 模式可能对地区性会议没有什么吸引力,特别是那些聚焦当地主题的会议。比如,一个主题是关于美国南部点源污染和环境公平的会议,其他地区的人可能对此不感兴趣,特别是会议的发言人多数来自当地。由于绝大多数参会人员开车去,而不是乘飞机,因此,实地召开这次会议,而不是采用 NCN 的方式,可能看起来更受组织者青睐。同样,由于多数参会人员来自一两个时区,通过 Zoom 或 GoToMeeting 等服务方式举办实时电话会议可能也是一个很好的选择。

但是,美国在这个特定问题上的经验以及与学术界相关学者的态度,可能对于深受此类问题困扰的全球其他地区的学者有很大的参考借鉴价值。他们不仅可以从这种会议中学习一些东西,而且还能对此做出一定的贡献,因为他们熟悉自己所在地区的类似情况。对于很多甚至多数的地区性会议来说,情况都是如此。

遗憾的是,只面向本地发言人的传统会议没有以档案的形式留下资料踪迹，所以就丧失了在更广范围内分享和讨论会议内容的机会。在这样的案例中，不仅思想观念的传播局限在特定区域，而且会议的讨论也只在极小的学者圈子中闭门进行。

因此，即便会议主题从范围上看只是地方性的，但是让全球各地的学者都能平等地发表见解和参与讨论，是一个很重要的理念。

提问与回答专题是体现集体智慧的形式吗？

虽然这种 NCN 模式与传统会议有很多相同的地方，但是其提问与回答专题所提供的讨论平台的高度，是传统会议难以企及的。因此，考虑一下这些专题与最近在线征集集体智慧的试验有何相同，是不无裨益的。

在加州大学圣塔芭芭拉分校 2016 年 10 月/11 月举办的会议上，其中一个提问与回答专题产生了 1.6 万多字的讨论文字（大约 60 页，双倍行距）。这些书面文字是经过与会人员深思熟虑并以更加审慎的方式提交上来的，所以往往比面对面会议上与会人员的口头发言深刻得多。我们的讨论文字，既有数量，更有质量。正如其中一位参加人员所说："这个提问与回答专题达到的深度，是我之前在'正常的'会议上所没有体验到的。"

由于 NCN 模式中的提问与回答专题正在推动从口语向书面语的转化，所以才能达到这样的深度。想一想我们在真正的好小说中读到的对话，阅读这样的小说，其中一个快乐来自这样的事实：里面的语言与对话太美了，用词考究，句法完美，是实际的口语中听不到的。其实，过去的对话也不是完美的，只是因为小说作者在写作中充分利用时间的便利，一再将对话进行加工，成为精美的语言表达。在持续几周的在线提问与回答专题中，参会人员实现了从口语到书面语的转换，从而做到了语言和内容的深刻，达到了那样的深度。因此，虽然读起来像是口语对话的文字稿（就像是小说中的对话),但是 NCN 会议的提问与回答专题更加凝练,也具有更大的思考价值。

当这样的深入思考和写作来自很多人而且聚焦于某个特定的主题,那就很可能对当下的问题进行集体思考,发挥集体智慧。这种集体思考当然不是一个新概念,事实上,传统会议上的提问与回答专题也有这种集体思考,这个持续数周的在线专题只不过扩展和促进了这一过程。为了了解这一进程,现在需要探究一下近年来在线集体思考的技术是怎样开发和探索的。

面对一个特别难的理论问题,剑桥大学数学家、菲尔兹奖获得者蒂莫西·高尔斯在 2009 年 1 月做了件不同寻常的事儿。[①] 他没有一个人去解决那个理论问题,而是在他广受欢迎的个人博客上提出了这样一个问题:"大规模的集体合作解决数学问题是可能的吗?"高尔斯试着解释说:"在我看来,这至少从理论上看是一种不同的模式",与传统的解决问题方法不同,"可能会有效果,所谓不同的模式,也就是说,与通常的各自为战或与一两个人小作坊式的合作模式是不同的。假设有一个网上论坛……我的想法是,任何人,只要他对那个问题有任何想法,都可以说出来。"

为了检验他的想法,高尔斯在博客上贴出了他的问题"海尔斯—朱特定理的密度版本(density Hales-Jewett theorem)",邀请任何人,不论是专业的数学家,还是非专业的人,帮助解决这个难题。几乎在帖子贴出的瞬间,就有很多人报名参加,其中既有中学数学老师,也有其他菲尔兹奖获得者,他们联手来攻克这个难题。他们群策群力,一步一个脚印,提出解决这个难题的建议并进行讨论。有些建议被否定了,有些被接受了,而且往往通过集体智慧得到了完善。在六周的时间里,他们在线讨论的文字多达 17 万字,不仅最初的那个理论得到了证实,而且还解决了更根本的问题,而最初

① http://gowers.wordpress.com/2009/01/27/is-massively-collaborative-mathematics-possible/。

的问题只是这个更根本问题的一个特殊情况。他们的发现非常重要，形成了两篇学术论文。

为什么这样一个集体项目会成功？原因有很多，但最重要的可能是学术专长。与很多专业一样，数学是高度专门化的。因此，当数学家集体遇到研究困境时，往往会出现这样的情况：尽管其中的某个人无法证明某个理论，但他可能有某方面的专长和兴趣，从而将问题的解决往前推进一步。如果能将世界各地的此类专家汇聚起来，正如高尔斯在网上所做的那样，那么就会拥有足够多的集体智慧（越来越多的人使用这个词语），从而解决单凭个人穷其一生积累的技能和知识也不能解决的问题。

高尔斯的试验只是众多此类试验之一，有些思想家比如迈克・尼尔森（Michael Nielsen）认为，人类智慧现在正发生范式的转变。[1] 他们认为，重大的科学发现可能越来越不仅像传统那样来自独立的科学天才，而且像高尔斯的试验所揭示的，来自很多人整合起来的集体智慧。当然，这种观念的创新性可能被误解，因为科学家和学者一直在进行合作研究。爱因斯坦是一位世人瞩目的科学天才，事实上，他在1912年前后遇到了某个学术瓶颈，难以实现从狭义相对论到广义相对论的跨越。幸运的是，他有一个朋友，名叫马塞尔・格罗斯曼（Marcel Grossman）。这位朋友以自己在非欧几里得几何学领域的学术专长，为广义相对论的诞生提供了数学方面的支撑。无论是通过与朋友、同事、学生的交往，还是通过看起来永无尽头的独自专心苦读，我们一直在与别人一起并通过别人进行思考。

但是高尔斯的试验揭示出，时代的确在发生变化，特别是解决问题的规模、速度以及参加的人员数量。可以设想一下，如果采用传统的学术期刊刊发论文的形式，数学家该如何合作来解决数学

---

① Michael Nielsen, *Reinventing Discovery: The New Era of Networked Science*（《重塑发现：网络化科学的新时代》）, Princeton, NJ: Princeton University Press, 2012, pp. 1–11, 209–213.

难题呢?在投稿发表时,高尔斯会围绕所解决的难题写一个按语。假设审稿专家认为这项研究成果很重要,应该发表(情况也许不是这样,因为"海尔斯—朱特定理的密度版本"其实不是一个非常重要的数学难题,高尔斯也只是提供了初步的证明),那么,成果的发表也要到一两年之后。这个审稿过程对每一位后来参与研究的科学家来说,都要从头到尾地走一遍。当然,个人间的对话和沟通可能会加速这一进程,但是通常来说,这个过程是很慢的,因为涉及很多参与研究的人员。不过现在,这样的合作尽管会涉及数量更多、领域更广的专家,却能在网上以惊人的速度进行。

在其他领域也能推广应用同样的集体智慧策略吗?迈克·尼尔森等理论家持怀疑态度:"想一想英语文学批评。文学批评家不会有一天放下他们的笔,在对莎士比亚的理解方面达成同样的认识。情况确实是这样。"[①]尼尔森继续说:"达成共识不是重点。在这样的领域,观点的多样性才是本色,这不是什么瑕疵,对莎士比亚的每一个新认识以及新的认识方法,都应该受到欢迎。"尼尔森强调的"观点的多样性"对文学批评来说是非常关键的,这固然正确,不过同时,他忽略了这样一个事实:多样性的观点是完全建立在对莎士比亚作品的共识之上的。如果学术界基本接受了关于莎士比亚研究的一个新观点,那么我们的"共识"(采用尼尔森的术语)一开始会受到挑战,很快就会从中受益。如果浏览一下过去几十年的莎士比亚研究,就会清楚地看到,随着岁月的流逝,我们关于莎士比亚的共识发生了多少变化。

现在再回到 NCN 会议的提问与回答专题上来,它使用的技术和蒂莫西·高尔斯所使用的以及后来一系列集体智慧的试验所使

---

① Michael Nielsen, *Reinventing Discovery*(《重塑发现》), p.76.

用的,都是同一个技术(体现 WordPress 核心技术的强大协作评论系统),因此,它与高尔斯所使用的技术一样,有很多同样的优势,其中一些优势在本附录中进行了探讨。比如,在被地区和时区分割的学者中促进一种扩展的、世界范围内的对话。加州大学圣塔芭芭拉分校举办会议时最初采用的技术显示,NCN 模式在开发集体智慧方面有着相当大的潜力。

我们目前遇到的挑战是如何将某个特定会议汇聚起来的专家的智慧聚焦起来,这是今后 NCN 模式需要解决的问题。高尔斯试验成功的部分原因,是他将汇聚在一起的网上智力群体,聚焦于某个特定的问题。同样,前面提到过加州大学圣塔芭芭拉分校 2016 年 10 月/11 月举办的会议在提问与回答专题部分产生了 1.6 万多字的讨论文字,之所以如此活跃,是因为它紧紧围绕一个特定的、对几乎所有会议参加人员都有吸引力的主题。

如果会议协调人提出一个专门的问题,这个问题很可能与会议主题相关,而且能够吸引很多与会人员参加讨论,那么在一个共享的提问与回答专题中,就可能得到众多的回应和解答。当然,会议协调人也可以提出多个问题(每个问题有各自专门的提问与回答专题)。从某种意义上说,这就是现在各个会议专题采取的做法,因为都是基于共同的兴趣。不管怎么说,如果将全体与会人员的注意力聚焦到一个问题上,那么就不容易让会议流于分散。所以,会议协调人在会议开始时作一个有倾向性的简短致辞,将会有助于引导与会人员探讨会议的主题。就加州大学圣塔芭芭拉分校的会议而言,其视频致辞只有 3 分钟。

当然,在 NCN 会议上,聚焦集体思维,还有其他的办法。这些办法之所以令人振奋,其中一个原因是它们为重构传统会议提供了机会,使之具有从前不可能具有的特色,比如,开发利用网络化的集体智慧的巨大潜力。

可以增加实时交互吗?

加州大学圣塔芭芭拉分校2016年5月的会议结束以后,我们向与会人员征询进一步改进NCN模式的建议。其中一位代表说:"我认为,应该对区域或国家交流中心给予更多的关注。"还有一位代表问:"是否有可能增加一个24小时开放的类似视频咖啡馆那样的空间?与会人员可以随时(或者根据意愿彼此商定时间)在那里进行实时聊天。"

由于加州大学圣塔芭芭拉分校2016年5月会议在规划的时候,确定主要采取非同步的形式,所以实时交互不是我们关注的焦点(除了会议闭幕式)。不过,很显然,虽然视频会议不能复制替代面对面的交流互动,却是一个进行交流互动的有意义的方式。为了探讨会议背景下这种讨论的有效性,我在加州大学圣塔芭芭拉分校2016年10月/11月的会议上创建了"NCN沙龙",与会人员可以利用Skype之类的技术进行非正式的实时交流。我面临的挑战主要是时间的安排,因为与会人员位于不同的时区。我的解决方案是,根据不同的时区,创建了3个全球NCN沙龙。

世界的大部分地区可以分为3个区域,每个区域包括6到7个时区。比如,美洲可以作为一个区域,当巴西是下午4点的时候(涉及北美和南美东部的大部分地区),阿拉斯加是上午10点。因此,我安排的其中一个小时的NCN沙龙时间是从阿拉斯加的上午10点到11点,也就是巴西的下午4点到5点,这个时间段对于大多数美洲学者来说是比较方便的。第二个区域包括欧洲、非洲和中东,第三个区域包括俄罗斯、亚洲和澳大利亚。所有这3个区域都有不少参加加州大学圣塔芭芭拉分校2016年10月/11月会议的代表。

我们的想法是,通过实时视频会议服务,举办3个各自时长为一个小时的 NCN 沙龙,用前面提到的一位与会人员的话说,是让“人们闲聊一番”,随意地交流,也许他们会自己约定见面沟通的时间。正如这位与会人员进一步说的:“这给与会人员一个额外的福利,不必担心留下永久的档案记录。我个人很喜欢这一特色。”如果与会人员愿意接受时差带来的不便,也可以串门去参加其他区域的沙龙。

遗憾的是,正如此类很多采用实时视频技术的会议一样,我们的沙龙从不少方面看有令人失望的地方,原因主要有两个。一是有些参加人员很难调整使用的软件,比如打开他们的语音和图像输入功能,有些人则从来没有成功地登录过。二是互联网连接质量差、信号弱最终迫使一半多的参加人员关闭了视频,只开通了语音。截至目前,第二个原因是最难解决的。

在大学或公司里,实时视频会议可能运行得很好,因为那里的互联网连接既可靠,速度又快。但是,我们来自全球各地的会议参加人员多数情况下都是从家里登录的,所以网络连接很不可靠。

这听起来可能有点矛盾,一般来说,我们的会议参加人员在观看网站上预先录制的视频发言时,没有遇到这样的困难,尽管那些视频录像的分辨率在很多情况下比视频会议的还要高。其中的原因与 YouTube 和 Vimeo 等提供的视频服务有关,它们通常会对视频信息传送进行缓冲(一般是每隔 30 秒),用互联网连接即使拖后几秒,一点都不会影响视频观看。遗憾的是,由于实时视频传送严格来说不能缓冲保存,所以反复不断地出现这种拖后状态会中断实时视频活动。

如何解决这个问题?随着时间的推移和全球互联网连接速度的加快并更加可靠,NCN 沙龙也许会变得更有价值。或者,参会人员可以确保他们已经具备这样的网络连接能力,也许最好在他们大学的办公室里参加这样的会议。

为什么不标明与会人员的学术职称?

在加州大学圣塔芭芭拉分校2016年10月/11月会议的一个提问与回答专题上,有一位参加人员指出:"这次专题没有通常潜伏在表面之下的学术威权的压力,真是让人感到轻松。"在规划这个会议模式时,我对是否要发言人写上自己的学术职称或学位进行了激烈的思想斗争(比如,"肯·希尔特纳,____,加州大学圣塔芭芭拉分校"的空白处填上"教授""博士""讲师"等)。最后,我决定放弃这些职称、职务或学位等内容,我希望让这类学术会议变得更加平等,而实现平等则是我组织此类会议的核心目标之一。除非你碰巧认识其中某个人(或者愿意自己查询其简历),否则对专题上学术评论的评价是完全基于其内容的,而不是看作者的职务或职称。

还有这样的情况:有些人在某些社交场合总是有点谨言慎行。正如上面那位NCN会议的参加者所言:"我们中有许多人对于在一屋子陌生人中间发言感到不舒服,但如果是通过书面文字在帖子上发表一些意见,他们是很高兴的。对于这种会议模式,我感受到了愉快的惊喜。"一般来说,我们很多人有过想在会议上问一个问题但又迟疑不决的经历,特别是当有些提问与回答专题的参加者带着盛气凌人的口吻讲话时,我们更不敢说话了。如果没有被点名提问,我们的心里就会一直装着那个问题,而且对其进行更多的思考,更多的提炼。当一两个小时后问题成熟时,我们可能会后悔错过了机会,没能提问那个问题。而在我们这样的会议上,即便是你对某个问题考虑一两天,也会有提问的机会。

大学如何支持此类会议模式?

这种NCN会议模式要求会议发言人做一些不同寻常的事,那就是要自己制作会议发言视频。虽然用网络摄像头录制发言或者制作 PPT 发言稿相对容易些,但有时也是一个挑战。制作一个混合型的视频,不停地从发言人到屏幕演讲稿之间来回切换,甚至是更大的挑战。而且,尽管近年来网络摄像机录制的影像质量有了很大改观,但依然大大落后于专业设备,比如能够拍摄超长时间录像的高清数码单反相机。

很多大学资助员工外出参加学术会议。从理论上讲,可以从这些资源中拿出一小部分用于购置设备,为员工提供基本的视频制作条件。有些单位已经有这些设备,可以用来制作会议发言视频。如果没有,只需要改造一个有讲台的教室就可以达到目的。如果再好一点,教室的大小正好能容纳少量感兴趣的朋友、学生和同事,他们的到场有助于活跃发言的氛围。所需设备(高清数码相机、讲台麦克风、适当的照明、数据投影仪以及笔记本等)的费用可能比四五个人外出参加一次国内或国际会议的费用还要少。只要进行适当的培训,具备基本的经验,学生或行政技术人员就可以操作这些设备。

在这种模式下,发言人可以面对着技术人员或小部分听众进行发言。视频切换器在录制发言人录像的同时切入发言人的 PPT(或者其他的展示文本)。技术人员可以在录制视频的过程中实时将画面在发言人和文本展示之间来回切换。视频录制好几分钟后,就可以上传至服务器。以这样方式归档的视频很容易嵌入到会议网页中。从文档安全的角度考虑,大学也可以保存一份视频发言的拷贝。

另外,大学还可以为此配备一个服务器,从而成为视频发言下载的来源。如果服务器的动力来自可再生能源,那么这是一个特别有吸引力的选择,同时也可以为学校员工参加此类会议所做的全部发言视频创建一个档案和索引中心。除了视频,这个档案还可以包括提问与回答专题上产生的讨论文字。如果提问与回答专题与加州大学圣塔芭芭拉分校的示范会议一样，是以超文本标记语言的形式存在的，那么可以很容易地保存到空白网页上。

这样一个基本的设备每周可以制作20到30个发言视频（即一年1000多个），其成本只是高等院校传统上为其员工提供会议出差、食宿等费用的一小部分。

除了二氧化碳，还有哪些温室气体？

乘飞机参加学术会议所排放的二氧化碳比任何其他来源对气候变化的影响都大。而且，航空旅行也排放其他的温室气体。比如，喷气式飞机向上层大气中排放氮氧化物，并在那儿形成臭氧，成为导致全球变暖的一个来源。同样，会议的餐饮特别是烹制牛肉，要排放甲烷。

因此，我们在这儿谈论的会议，更准确的说法应该是“几乎不排放温室气体”，而不是“近乎碳中和”。不过，尽管“温室气体排放”有朝一日可能会替代“碳排放”，成为大众认识中更被人接受的术语（比如，我们会说温室气体足迹，或“气候足迹”，而不是现在说的碳足迹），但是这种情况目前还没有出现。因此，我还是暂时使用“近乎碳中和会议”（NCN会议）这个说法，即便我实际上指的是所有类型的几乎不排放温室气体的活动（包括乘飞机去做报告、参加圆桌会议的个人活动）。

我们为什么要解决这个特定的问题？

总起来说，减缓气候变化，我们有许多事情可以做。不过，作为学者，不管是个人还是组织，如果说要我们做一件事并产生最大的影响，那么就是解决航空旅行的问题。

我们首先从组织的角度来思考这个问题,依然用加州大学圣塔芭芭拉分校作为例子。如上所述,目前我们学校温室气体排放的大约三分之一来自参加会议、做报告、出席研讨会等所需要的航空旅行。在直接思考这些排放之前,我们看一看其他三分之二的排放情况,看看我们能为此做些什么。

巧合的是,加州大学圣塔芭芭拉分校所购电量排放的全部温室气体正好等于来自航空旅行的温室气体,大致是每年 5500 万磅。加州大学系统已经做出庄严承诺,要减少购买电力的温室气体排放。为了实现这一目标,加州现有能源设施需要彻底的更新。在这方面,加州是率先走在前面的几个州之一。2017 年,其 30% 的电力来自可再生能源,其长远目标是到 2030 年达到 50% 。[①] 由于这个目标涉及从以化石燃料为基础的经济,向以可再生能源为支撑的经济转变,所以已经投入了上千亿美元的资金。

在加州大学圣塔芭芭拉分校的温室气体排放方面,排在航空旅行和电力之后的,是化石燃料的使用,主要是来自供暖和餐饮,每年大约是 3800 万磅二氧化碳或等量的气体。当前,加州大学系统大约 75% 的电力供应来自天然气。[②] 美国大多数天然气的开采所利用的技术是水力压裂技术,对环境有极大的破坏作用,[③]所以这是特别让人忧虑的一点。加州大学系统希望,一方面在天然气使用上更加高效,另一方面用生物气来替代它。[④] 不过,如上所述,生物气也就是甲烷,造成的环境问题可能比其所要解决的问题还要大。在进一步提高能效方面,加州大学圣塔芭芭拉分校长期以来一直致力于这个目标的实现,它的布伦大楼是美国第一个获得绿色建筑委员会 LEED(能源与环境设计先锋)铂金认证的建筑,后

---

① http://www.energy.ca.gov/renewables/tracking_progress/documents/renewable.pdf。

② http://ucop.edu/sustainability/_files/carbon-neutrality2025.pdf。

③ http://blogs.wsj.com/corporate-intelligence/2015/04/01/how-much-u-s-oil-and-gas-comes-from-fracking。

④ http://ucop.edu/sustainability/_files/carbon-neutrality2025.pdf。

来又获得了建筑运营及维护 LEED 铂金认证,成为美国第一个获得 LEED 双认证的建筑。但是,这些措施的节能也就这么多。

在持续的、协调一致的努力下,加州大学圣塔芭芭拉分校来自航空旅行以外(即购买的电力、化石燃料燃烧以及一些小型排放源)的那三分之二的温室气体排放,也许在未来的几十年里能够减半。事实上,加州大学承诺尽早实现这一目标,不过,为做到这一点,加州大学需要购买可再生能源电力和生物气,而这方面的供应又很有限。由于没有足够多的可再生能源电力和生物气,因此,加州的所有组织和个人根本无法解决这个问题。

与此相对照,加州大学圣塔芭芭拉分校来自航空旅行的那三分之一的温室气体排放,则是很容易实现的目标,因为我们现在就可以将其减少到原来的百分之一,而且不会花费数十亿美元。事实上,在这个过程中,可以节省大量的资金,因为 NCN 会议比传统会议花费得少。

如果从个人角度来看待这个问题,情况也是如此。如前所述,气候科学家彼得·卡尔穆斯只是通过放弃乘飞机就减少了其温室气体排放的三分之二。不是所有的学者都乘那么多的飞机,不过,如前所述,假定每年三次州际飞机旅行所造成的温室气体排放是美国人均碳足迹的三分之一,那么我们通过取消航空旅行也就实现了个人温室气体排放减少三分之一的目标。

显而易见,这些数字在不同的组织和个人那里是有变化的,尽管如此,取消(或大量减少)学术航空旅行代表着巨大的机会,相对来说,特别是与天然气和电力应用等其他问题比较起来,可以更简单、更容易地大幅度减少温室气体排放。这对很多组织和个人来说,可以将温室气体排放减少三分之一。当然,我们应该尽一切可能,实施加州大学系统以及其他地方的项目,使另外三分之二的温室气体排放能够减半。如果我们在两个方面都成功了,就可以完成将总体温室气体排放减到三分之一的任务。

我们为什么要解决这个特定的问题?因为它是我们学术界帮助减缓气候变化最快速、最容易的途径,而通过其他技术创新或文化行为的改变,在短期内根本解决不了这个问题。

NCN 会议恰逢其时吗?

考虑到这种模式在环境和文化方面带来的诸多好处,很有可能到 2040 年或 2050 年,多数会议将在网上举行。这种会议模式既能减少会议的温室气体排放,将传统会议的温室气体排放减少到千分之一或者更低,又能让更多的人参加,不再出现由于受限于经费、地区、时差、身体等原因而不能参加的情况,并能让所有人员都能查阅会议的发言和讨论文字。这一事实极大地敦促人们采用此种会议模式。

不过,我们还不清楚现在是否是采用这种模式的最佳时机。当我讲授《寂静的春天》的时候,学术界往往敏锐地观察到卡森出版这本书的绝佳时机。如果她早 10 年,也就是在 20 世纪 50 年代初期出版该书,可能很大程度上不会引起社会的关注。就网络会议而言,现在的技术是能够做到的,这似乎没有什么疑问。如前所述,到 2020 年,由于智能手机的广泛普及,世界上一半的人口将具有个人制作和观看高清视频的能力。尤其是,正如大量的社交媒体服务所证实的,台式电脑、笔记本和手机已经促进了数十亿人的网上社交互动。

但是,现在是网上会议的时代吗?既然《联合国气候变化框架公约》第 21 次缔约方大会上洋溢着乐观主义,借用比尔·麦克基本在加州大学圣塔芭芭拉分校第二次 NCN 示范会议上所做的主旨发言中使用的说法,我们也许应该“起而行之”了,不能仅仅坐而论道,而是立即行动起来,大力减缓全球温室气体的排放。而且,既然传统的乘飞机参加会议是我们学术界最大的温室气体排放来源,那么,我们学术界也许应该在这个问题上率先垂范。让我们希望如此吧。

采用网上会议模式的时机到来了吗?也许更好、更有用的问题是:推动大规模地采用这种会议模式,我们需要做些什么?或者,最好的问题是:为了这种会议,我们自己该做出怎样的改变?换句话说,我们做好了放弃一个悠久的文化行为并接受一个全新的文化行为的准备了吗?就多数文化变革而言,惰性往往会主导人的本能反应。不过,既然现在新一代人的生活大多与网络有关,也许我们已经准备好了,或者至少是在准备以新换旧的过程中了。

我们为什么还在等待?

2008 年 1 月,阿尔·戈尔和 1500 名科学家因在气候变化方面的工作而共同获得诺贝尔和平奖的消息宣布仅仅 3 个月后,《高等教育纪事报》(*The Chronicle of Higher Education*)发表了一篇题为《学术旅行导致全球变暖》的评论文章,作者是明尼苏达大学双城分校新闻和大众传播学院的副教授马克·皮德蒂(Mark Pedelty)。[1] 他只用几百个字就让人们的注意力集中到问题的范围和可能的解决方案上来。他一开始就指出,一个会议的航空旅行所产生的碳足迹,要大于 1 万名印度人一年中方方面面的生活所产生的碳足迹。而且,他不仅指出问题所在,还提出了替代方案,说网上会议"如果能在更大的规模上举行,其视频发言的内容会非常丰富,非常有用。远程教育者已经发现视频会议的潜力,学术界的其他人也应该能发现"。

尽管皮德蒂做了一项值得称赞的工作,简明扼要地将这一问题及其未来的解决方案呈现给《高等教育纪事报》的广大读者,但

---

① http://chronicle.com/article/Academic-Travel…/45937。

是文章发表后的几年里，这个问题却没有任何进展。

为什么会出现这种情况？
原因有很多，最突出的有以下三条。

1. 很多学者根本不清楚这个问题或者问题范围。《高等教育纪事报》后来再没有刊发有关学术旅行导致全球变暖的文章，其他地方对此也鲜有报道。因此，当我告诉我的同事加州大学圣塔芭芭拉分校全部温室气体排放的三分之一来自外出开会的航空旅行时，几乎每个人都感到震惊。就个人而言，他们同样感到震惊的是，他们个人温室气体排放的三分之一可能也来自学术航空旅行。皮德蒂的文章尽管曾有很多的读者，但是文章的大部分信息好像被人们遗忘了。

2. 电话会议技术非常令人失望。尽管很多学者通过Skype、GoToMeeting或Google Hangouts等方式参加过学术会议，但是很显然，效果难以恭维，特别是与面对面的交流相比，更显得有天壤之别。所以，在很多学者心目中，使用这种技术的会议都不会成功。

3. 多学者担心网络会议会让人失去直接的人际交往，而这是面对面交流的传统会议的基本特色（见上文）。

综合起来看，这3个方面的问题给我们解释了我们为什么等待。很多学者不了解问题的范围竟然如此巨大，或者是对数字技术心存疑虑，认为数字技术不能提供一个恰当的替代方案，特别是难以解决的直接人际交往问题。

本书介绍的NCN会议模式试图解决这些问题，通过提出一个可行的替代方案进一步提高人们的认识，提供一个充分的、有效的人际交往平台，同时带来其他方面的好处。重要的是，这个模式现在就可以实施，而且使用的是全球配置的基本技术。

当然，这不是唯一的模式。所以，我非常欢迎和期待其他的方案。事实上，理想的状况是：推动更多的组织和个人致力于解决这个问题。比如，现在已经有巨量的时间和金钱花费在数字图像分享以及在线思想交流上面（Instagram、Twitter 等），如果这些精力和财力的一小部分用于解决会议旅行的急迫问题，那么每年就会阻止数百亿磅温室气体排放到上层大气中。

如果不是会议旅行，如果我们乘飞机出行是出于其他目的，比如度假或探亲访友，那么我们还不清楚如何来解决这一问题。当然，取消那些没有多大意义的出行，比如"外出过周末"，应该是首先需要做的。但是即便如此，也会遇到强烈的抵制。因此，我们还得等待其他的方案来解决这个问题。不过，就会议旅行来说，现在没有必要等待，因为 NCN 模式已经具备充分的条件，与传统的、乘飞机去参加的会议相比，它能提供更完美的学术会议体验。

我们为什么还在等待呢？因为很多学者还不清楚这一问题的严重性，也不知道这个问题解决起来是如此的容易。明白了这一点，就应该马上采取行动（这就是本书所呼吁的），召开 NCN 会议，引起大家对学术界航空旅行问题的重视，同时提供一个可替代的解决方案。

“同一颗星球”丛书书目

01 水下巴黎:光明之城如何经历 1910 年大洪水

[美]杰弗里·H.杰克逊 著 姜智芹 译

02 横财:全球变暖 生意兴隆

[美]麦肯齐·芬克 著 王佳存 译

03 消费的阴影:对全球环境的影响

[加拿大]彼得·道维尼 著 蔡媛媛 译

04 政治理论与全球气候变化

[美]史蒂夫·范德海登 主编 殷培红 冯相昭 等 译

05 被掠夺的星球:我们为何及怎样为全球繁荣而管理自然

[英]保罗·科利尔 著 姜智芹 王佳存 译

06 政治生态学:批判性导论(第二版)

[美]保罗·罗宾斯 著 裴文 译

07 芝加哥传

[美]威廉·克罗农 著 黄焰结 程香 王家银 译

08 尘暴:20 世纪 30 年代美国南部大平原

[美]唐纳德·沃斯特 著 侯文蕙 译

09 环境与社会:批判性导论

[美]保罗·罗宾斯 [美]约翰·欣茨 [美]萨拉·A.摩尔 著 居方 译

10 危险的年代:气候变化、长期应急以及漫漫前路

［美］大卫・W. 奥尔 著 王佳存 王圣远 译

11 环境、权力与不公:一部南部非洲的历史

［美］南希・J. 雅各布斯 著 王福银 译

12 英国鸟类史

［英］德里克・亚尔登［英］翁贝托・阿尔巴雷拉 著 周爽 译

13 被入侵的天堂:拉丁美洲环境史

［美］肖恩・威廉・米勒 著 谷蕾 李小燕 译

14 未来地球

［美］肯・希尔特纳 著 姜智芹 王佳存 译